智慧建筑电气丛书

智慧数据中心

电气设计手册

中国勘察设计协会电气分会
中国建筑节能协会电气分会
中国建设科技集团智慧建筑研究中心

机械工业出版社
CHINA MACHINE PRESS

本书内容系统、精炼，实用性强。各章内容均依据工程建设所必须遵循的现行的法规、标准和设计深度，并结合专业新技术、产品以及工程经验进行介绍，使手册更具有实用性。

本书以智能化、节能为主要编写重点，同时兼顾后期运维的便利性，注重实用性，共分为总则，变配电所，备用电源系统，电力配电系统，电气照明系统，线缆选择与敷设，防雷、接地与安全防护，火灾自动报警及消防联动控制系统，数据中心公共区智能化系统，数据中心工艺智能化系统，建筑电气节能系统，典型案例共12章。

本书内容涉及系统和技术特征的宏观描述、设计要点和建议、技术前瞻性描述以及对未来趋势的判断，适合电气设计人员、施工人员、运维人员等相关产业电气从业人员参考。

图书在版编目（CIP）数据

智慧数据中心电气设计手册/中国勘察设计协会电气分会，中国建筑节能协会电气分会，中国建设科技集团智慧建筑研究中心编. —北京：机械工业出版社，2021.8

（智慧建筑电气丛书）

ISBN 978-7-111-69169-3

Ⅰ.①智…　Ⅱ.①中…　②中…　③中…　Ⅲ.①数据处理中心-电气设备-建筑设计-手册　Ⅳ.①TU244.5-62②TU85-62

中国版本图书馆CIP数据核字（2021）第188863号

机械工业出版社（北京市百万庄大街22号　邮政编码100037）
策划编辑：何文军　责任编辑：何文军　王　荣
责任校对：郑　婕　封面设计：魏皓天
责任印制：张　博
涿州市京南印刷厂印刷
2021年10月第1版第1次印刷
148mm×210mm · 7.875印张 · 221千字
标准书号：ISBN 978-7-111-69169-3
定价：56.00元

电话服务　　　　　　　　　　　网络服务
客服电话：010-88361066　　机 工 官 网：www.cmpbook.com
　　　　　010-88379833　　机 工 官 博：weibo.com/cmp1952
　　　　　010-68326294　　金 书 网：www.golden-book.com
封底无防伪标均为盗版　　机工教育服务网：www.cmpedu.com

《智慧数据中心电气设计手册》
编委会

主　编：

欧阳东　正高级工程师　国务院政府特殊津贴专家
　　　　会长　　　　　中国勘察设计协会电气分会
　　　　主任　　　　　中国建筑节能协会电气分会
　　　　主任　　　　　中国建设科技集团智慧建筑研究中心

副主编：

郭利群　正高级工程师
　　　　数据中心设计研究所所长　中国建筑设计研究院有限公司
　　　　青年专家组常务副主任　　中国勘察设计协会电气分会

主笔人（排名不分先后）：

杨　峻　高级工程师　主任工程师　中国电子工程设计院有限公司
杨　威　高级工程师　IDC业务中心总监　北京电信规划设计院有限公司
陈水顺　高级工程师　设计部主任　同济大学建筑设计研究院（集团）有限公司
韩占强　正高级工程师　电气总工　中国中建设计集团有限公司
王　亮　高级工程师　总经理　中元国际（上海）工程设计研究院有限公司
浦廷民　高级工程师　数据中心与智能化事业部副总经理　中国中元国际工程有限公司
王志强　高级工程师　数据中心事业部副总经理　世源科技工程有限公司

丁　聪　高级工程师　IDC 行业经理　上海邮电设计咨询研究院有限公司

胡建军　高级工程师　设计所副所长　中国建筑设计研究院有限公司

编写人（排名不分先后）：

江　峰　高级工程师　电气主任　中国建筑设计研究院有限公司

郑美英　高级工程师　IDC 业务中心技术总监　北京电信规划设计院有限公司

李志平　高级工程师　设计部主任　同济大学建筑设计研究院（集团）有限公司

董　艺　正高级工程师　设计室主任　北京市建筑设计研究院有限公司

林群聪　高级工程师　院长助理　中元国际（上海）工程设计研究院有限公司

刘　尧　高级工程师　数据中心与智能化事业部电气主任　中国中元国际工程有限公司

王　亮　高级工程师　电气专业负责人　世源科技工程有限公司

胡松涛　高级工程师　设备所所长　上海杰筑建筑规划设计股份有限公司

王　超　工程师　智能化专业负责人　中国建筑设计研究院有限公司

叶丽娟　工程师　电气专业负责人　中国建筑设计研究院有限公司

熊文文　所长　亚太建设科技信息研究院有限公司

于　娟　主任　亚太建设科技信息研究院有限公司

陆　璐　编辑　亚太建设科技信息研究院有限公司

李迎春　应用经理　施耐德电气（中国）有限公司上海分公司

朱文斌　电气事业部设计院渠道负责人　ABB（中国）有限公司

苗　勇　技术总监　广东欢联电子科技有限公司

马　强　产品应用专家　施耐德（中国）有限公司

万喜峰　工程师　常熟开关制造有限公司（原常熟开关厂）
李志佳　技术管理部总监　深圳市泰和安科技有限公司
阮　俊　市场部技术总工　大全集团有限公司
宋刚勇　高级行业销售经理　丹佛斯（上海）投资有限公司
赵孙俊　市场策略及产品技术经理　浙江兆龙互连科技股份有限公司
陈　实　技术总监　浙江德塔森特数据技术有限公司
李培林　副总裁　贵州泰永长征技术股份有限公司
吴琪明　董事长　上海晨桥电气有限公司
韩　宇　高级电气系统工程师　卡特彼勒（中国）投资有限公司

审查专家（排名不分先后）：

李雪佩　高级工程师　顾问总工　中国建筑标准设计研究院有限公司
钟景华　正高级工程师　总工程师　中国电子工程设计院有限公司
王新芳　正高级工程师　总工程师　中城建（北京）建筑设计有限公司

前　言

作为数字经济时代的数字银行和数据资源库，数据中心是我国实现经济转型升级，实现制造强国和网络强国的重要基础设施。2020 年 3 月 4 日，中共中央政治局常委会会议明确提出“加快 5G 网络、数据中心等新型基础设施建设进度”，再次为信息通信行业 5G 网络和数据中心建设注入了强大动力。在“新基建”的大背景下，数据中心行业前景光明，加之 5G、云、AI、大数据等新技术业务的驱动，行业也在呼唤更绿色、智慧的数据中心。因此，为全面总结数据中心建设实践，解构智慧数据中心的电气设计技术，中国勘察设计协会电气分会、中国建筑节能协会电气分会联合中国建设科技集团智慧建筑研究中心，组织编写了“智慧建筑电气丛书”之一《智慧数据中心电气设计手册》（以下简称《数据中心设计手册》），由全国各地在数据中心设计领域具有丰富一线经验的青年专家组成编委会，由全国知名且具有高职务、高职称的行业专家组成审定委员会，共同就智慧数据中心行业相关政策标准、建筑电气和智能化设计、节能措施和数据分析、设备与新产品应用、项目实例等几大部分进行了系统性梳理，旨在进一步推动新时代智慧数据中心技术科技进步，助力现代化新型数据中心建设发展新局面，为业界提供一本实用工具书和实践项目参考书。

《数据中心设计手册》编写原则为前瞻性、准确性、指导性和可操作性；编写要求为正确全面、有章可循、简明扼要、突出要点、实用性强和创新性强。内容包括总则，变配电所，备用电源系统，电力配电系统，电气照明系统，线缆选择与敷设，防雷、接地与安全防护，火灾自动报警及消防联动控制系统、数据中心公共区智能化系统、数据中心工艺智能化系统、建筑电气节能系统、典型案例共 12 章。

《数据中心设计手册》提出了智慧数据中心的定义：根据数据中心的标准和用户的需求，统筹土建、机电、装修、场地、运维、管理、电信、信息技术（IT）、工艺等专业，利用互联网、物联网、人工智能（AI）、建筑信息模型（BIM）、地理信息系统（GIS）、5G、数字孪生、数字融合、系统集成等技术，进行全生命期的数据分析、互联互通、自主学习、流程再造、运行优化和智慧管理，为客户提供一个低碳环保、节能降耗、绿色健康、高效便利、成本适中、体验舒适的人性化的数据中心。

《数据中心设计手册》提出了智慧数据中心的发展趋势：低碳化节能创新技术、微型及模块化创新技术、系统升级创新技术、配电系统智慧化创新技术、5G 物联网智慧监控创新技术、智慧运维平台创新技术、AI 能效优化技术、机器人巡检创新技术、低碳新能源创新技术、综合管理运维创新技术、数据中心建造创新技术。

《数据中心设计手册》力求为政府相关部门、建设单位、设计单位、施工单位、产品生产单位、运营单位及相关从业者提供准确全面、可引用、能决策的数据和工程案例信息，也为创新技术的推广应用提供途径，适合电气设计人员、施工人员、运维人员等相关产业从业电气人员参考。

本书的编写得到了企业常务理事和理事单位的大力支持，在此，对施耐德电气（中国）有限公司上海分公司、ABB（中国）有限公司、广东欢联电子科技有限公司、施耐德万高（天津）电气设备有限公司、常熟开关制造有限公司（原常熟开关厂）、深圳市泰和安科技有限公司、大全集团有限公司、丹佛斯（上海）投资有限公司、浙江兆龙互连科技股份有限公司、浙江德塔森特数据技术有限公司、贵州泰永长征技术股份有限公司、上海晨桥电气有限公司、卡特彼勒（中国）投资有限公司等企业对《数据中心设计手册》的大力帮助，表示衷心的感谢。

由于本书编写时间紧迫，有些技术问题是目前的热点、难点和疑点，争议较大，欢迎各位读者研讨。

中国勘察设计协会电气分会　会长
中国建筑节能协会电气分会　主任
中国建设科技集团智慧建筑研究中心　主任

2021 年 3 月 15 日

目　录

第1章　总　　则

1.1　总体概述

万物互联、信息化、数字化是大趋势，数据中心成为企业未来发展的基础设施。数据中心作为数字经济的枢纽作用，在新冠肺炎疫情期间体现得淋漓尽致。突然爆发的疫情，迫使远程办公、视频会议、远程协作等工作模式大范围普及，随之而来的是线上数据量激增，这一切都需要强有力的数据中心来支撑，BAT（百度、阿里巴巴、腾讯）等互联网企业一度紧急扩容，用来完成对数据的计算、传输以及存储。

2020年以来，随着价值高地的凸显，越来越多的建设单位、设计单位进入数据中心领域，行业迅猛发展。在此大环境背景下，电气工作者对于正确引导数据中心的建设、设计工作责无旁贷，大量的建设思想和设计准则需要整理提纳。希望本书能够帮助新加入者少走弯路，得到资深行业人士参与和指正。

1. 数据中心的定义

数据中心是指在一个物理空间内为集中放置的电子信息设备提供运行环境的建筑场所，可以是一栋或几栋建筑物，也可以是一栋建筑物的一部分，包括主机房、辅助区、支持区和行政管理区等。

2. 数据中心的分级

《数据中心设计规范》（GB 50174—2017）中指出，根据数据中心的使用性质、数据丢失或网络中断在经济或社会上造成的损失或影响程度，将数据中心划分为A级（容错型）、B级（冗余型）和C级（基本型）。

1.2 设计规范及认证体系

1. 数据中心常用设计规范

国内：《数据中心设计规范》（GB 50174—2017）。

国外：

1）Uptime《数据中心现场基础设施 Tier Standard（Tier 的标准）：Topology（拓扑）》2018版。

2）TIA-942-B-2017《Telecommunications Infrastructure Standard for Data Centers（数据中心基础设施标准）》。

GB 50174—2017对于A级保障等级的要求是：A级数据中心的基础设施宜按容错系统配置，在电子信息系统运行期间，基础设施应在一次意外事故后或单系统设备维护或检修时仍能保证电子信息系统正常运行。

对于容错的要求是：具有两套或两套以上的系统，在同一时刻，至少有一套系统在正常工作。按容错系统配置的基础设施，在经受住一次严重的突发设备故障或人为操作失误后，仍能满足电子信息设备正常运行的基本需求。

Uptime和TIA-942标准对应国家标准A级的等级为Tier Ⅲ、Tier Ⅳ和Rated 3、Rated 4，主要强调可在线维护或故障容错。

通过研究规范可以看出国家标准契合具体国情，不是刻板地要求必须按某种方式实施，对于数据中心A级的实现给出了三条道路，以不间断电源（UPS）系统配置举例：

1）适合金融等行业的2N或2（N+1），完全相同的双系统同时运行。

2）适合互联网等行业的（N+1）+市电，不完全相同的双系统同时运行。

3）适用于云计算数据中心的多个（N+1），2个或2个以上数据中心同时运行，数据实时传输；可以理解为两个B级数据中心同时建设，互为备份，且数据实时传输、业务满足连续性要求时，能够达到A级保障等级。

2. 数据中心认证体系

数据中心认证的价值在于增强单位管理能力，提升自有单位的企业形象，帮助互联网数据中心（IDC）提高出租率和商业回报。认证支持数据中心行业创新发展，改变管理方式，可作为政府部门、行业监管部门的管理工具。

国内常见的认证分为国家标准认证和Uptime认证。

数据中心基础设施等级认证证书三年有效。

1.3 发展历程及趋势

1.3.1 数据中心发展历程

第一代数据中心：数据存储中心阶段，采用传统式物理架构，以支撑业务系统作为驱动力，以支持业务系统为中心进行建设。

第二代数据中心：数据处理中心阶段，主要使用的是服务器虚拟化技术，在一定程度上面弥补了第一代数据中心的缺陷，大幅度提升了计算资源的利用率。

第三代数据中心：信息中心阶段，在继承了前两代数据中心的全部优点的基础上，有了“模块化、渐进式”的考虑。

第四代数据中心：云数据中心阶段，数据中心承担着核心运营支持、信息资源服务、核心计算、数据存储和备份等功能。

1.3.2 数据中心发展趋势

1. 各主要行业数据中心特点

1）运营商数据中心：以规模取胜，主要以出租为主，也有部分数据中心向企业提供应用服务。需要注意的是，运营商在长期实践过程中形成的建设标准掺杂着自身运营经验，并对成本消耗非常重视，导致与GB 50174—2017的要求或不完全相同。以柴油发电机组举例，运营商内部对其功率选择、台数组成，均有自己的规定。这一点，在业主选择租赁场地时，应该专门逐项评估，考虑是否满足自身业务连续运行的条件，以及是否存在潜在风险。

2）政府行业数据中心：主要向国家电子政务提供服务，国家政务网是我国政府正常运转依赖的重要载体，建设规模与范围非常广泛，上到中央，下连村县。

3）金融行业数据中心：对业务的连续性要求特别高，一般要全天24h不停运转，最关键的是不能丢数据，所以金融行业对数据的完整性非常关注。当用户不需要很高的可靠性，数据中心故障造成的损失可承担时，如果也按照金融行业的要求建设数据中心，将造成资金和资源的严重浪费。

4）互联网行业数据中心：互联网的数据中心善于接受新技术，敢于在新的数据中心技术领域尝鲜，因此它的技术尝试是全行业中最激进的，几乎所有新的数据中心技术都是在互联网行业数据中心里最先落地。

2. 设施变革

云计算、5G等新兴信息技术的快速发展，使数据中心成为构建全球信息网络的重要基础设施。绿色数据中心可以达到满足能评指标、节省运维成本、提高数据中心容量、提高电源系统的可靠性及可扩展的灵活性等效果。理想状态下，通过虚拟化、冷源优化等多种降耗方式，在同等互联网技术（IT）设备供电情况下，绿色数据中心可以降低制冷设备能耗20%~45%。因此，绿色数据中心是新一代数据中心发展的重要方向之一。

3. 建设模式

新一代数据中心应当具备模块化的特征，基于标准的模块化系统能够简化数据中心的环境，加强对成本的控制。这些基于标准的模块能够被灵活地采购和获取，具有极高的安全特性，尤其重要的是应该采用面向服务的架构，从而使机构可以更加灵活、动态地部署新业务和应用。人们可以按应用、服务类型和资源耗费率将数据中心分成多个功能区域，各个功能区域在不影响其他区域运行的情况下，可以动态升级和维护。当然，还有很多其他分类方式，比如，按照应用类型，可以将数据中心分为运行中心、测试中心、灾备中心等独立区域。

大型数据中心多数会按业务需求或按投资分期建设，规划设计应尽量细化电气、空调系统所涉及区域，按模块或按楼层设置电气系统以及对应的冷源系统。精细化的能源匹配，可以最大限度地降低业主初投资，同时也能够降低初期投入时的电源使用效率（PUE）指标。此外，需要强调的是，大型数据中心（尤其是企业数据中心（EDC））在规划设计时需要考虑初期低负荷情况下的设备选择及运维方式，EDC在建成初期，其负荷率相当低，甚至不到设计负荷的10%，此时只考虑全楼的电源和冷源匹配，就有可能造成实际运行时大型冷冻机组无法正常运行。

4. 技术演进

基础设施设备多年来持续向更高、更快、更强演进，物联网、人工智能、虚拟现实（VR）/增强现实（AR）等新技术的应用也为基础设施建设的高效、节能助力。供电架构逐步简化，从传统的UPS组成2N系统，向市电直供、一体化配电系统转变，数据中心的直流应用也在逐步扩大。UPS的效率和功率因数也远超工频机时代，开启ECO模式后，损耗几乎可以忽略不计。

智能化运营水平也在不断提高。首先智能运维机器人的普及，或将替代大量传统人工巡检。随着数据中心单体规模不断攀升，越来越多的基础设施设备需要日常维护和管理，智能运维机器人24h不间断地在数据中心巡逻，在收集环境数据的同时，还能实时读取主要设备的异常情况并自动报警，大大提升巡逻的可靠性和规范性，降低劳动强度、提高运营效率、降低运行维护成本。其次，数据中心基础设施监控管理（DCIM）等数据中心智能化管理平台正在加速部署应用。随着数据量的高速增长，新建数据中心大多以大规模、超大规模为主，大量的设备和复杂的系统为高效管理带来了挑战。智能化的数据中心基础设施管理通过对IT设备和数据中心风火水电基础设施的在线监控、管理，节省大量维护时间和费用。

5. 建筑现状

根据工业和信息化部信息通信发展司编著的《全国数据中心应用发展指引（2020）》显示：截至2019年年底，我国在用数据中心机架总规模达到314.5万架，与2018年年底相比，增长39%。超大型数据中心机架规模约117.9万架，大型数据中心机架规模约119.4万架，与2018年年底相比，大型、超大型数据中心的规模增速为41.7%。

全国数据中心利用率在提升，截至2019年年底，全国数据中心总体平均上架率为53.2%。全国超大型数据中心的上架率为45.4%，大型数据中心的上架率为59.8%，中小型数据中心的上架率为56.4%，超大型数据中心的上架率与2018年相比明显提升，提升17%。

全国数据中心能效水平保持平稳，截至2019年年底，全国超大型数据中心平均PUE为1.46，大型数据中心平均PUE为1.55，与前两年相比水平相当，最优水平达到1.15。全国规划在建数据中心平均设计PUE为1.41左右，超大型、大型数据中心平均设计PUE分别为1.36、1.39。

6. 数据中心的选址

1）数据中心选址遵循的标准包括：

《数据中心设计规范》（GB 50174—2017）、《信息系统灾难恢复规范》（GB/T 20988—2007）、《计算机场地通用规范》（GB/T 2887—2011）。

2）数据中心选址的七大要素（见表1-3-1）。

表1-3-1　数据中心选址的七大要素

要素	具体要求	权重(%)
自然地理条件	地震、台风、洪水等自然灾害记录，政治和军事地域安全性	30
配套设施	交通、水电气供应、消防等	20
周边环境	粉尘、油烟、有害气体特，有腐蚀性、易燃、易爆物品的工厂，远离强振源和强噪声源、避开强电磁场干扰	20
成本因素	人力成本、水电气资源成本、土地成本、各种个人消费成本	15
政策环境	土地政策、人才政策、税收政策	10

（续）

要素	具体要求	权重(%)
高科技人才资源条件	高校数据、IT人员数量,其他科技教育机构数量	4
社会经济人文环境的优越性	经济发展水平、人文发展水平	1

表1-3-1是结合德尔菲方法（也称专家调查法），根据业内专家对选址影响要素的重要性推荐评分。

7. 智慧数据中心的发展趋势

1）低碳化节能创新技术：通过跨界的整体技术解决方案，实现低碳环保、节能减排的数据中心。

2）微型及模块化创新技术：通过微型化、模块化、线上化的设备集成，云平台控制，实现安装及维护方便。

3）系统升级的创新技术：成本、管理、应用、服务升级是核心，提升数据中心的信息化水平。

4）配电系统智慧化创新技术：进一步保障配电等级安全，智慧开关代替传统开关，采用智能配电系统，监控范围从开关状态发展到UPS、变压器、母线允许状态，电能监控实现精细化管理，预判开关寿命，做到主动运维。

5）5G物联网智慧监控创新技术：应用人工智能，监控采集颗粒度越来越细，数据平台对全部机电系统进行集中监控管理，实现智慧化监控和管理。

6）智慧运维平台创新技术：通过AI对大数据的分析和深度学习，提前预警故障，降低风险。对基础设施的运行状态进行实时显示、记录、控制、报警、提示及趋势分析。

7）AI能效优化技术：在给定的天气条件、IT负载、业务SLA等输入的情况下，通过深度神经网络模型进行能耗拟合及预测，并结合寻优算法，推理出最优PUE下的对应的系统控制参数，实现数据中心能效自动化调优。

8）机器人巡检的创新技术：通过机器人巡检功能和嵌入AI技术的全生命周智慧平台，实现无人值守数据中心。

9）低碳新能源创新技术：清洁能源和可再生能源技术，降低能耗的液冷技术，热管和蒸发冷却技术，磁悬浮空调系统技术、余热回收技术等。

10）综合管理运维创新技术：通过人工智能、AI、多维可视化展示、VR技术、智慧运维技术等，运维管理系统从被动到主动，从粗犷到精细，从局部到全面，实现节能环保、能源管理、设备安全、智慧运营的目标。

11）数据中心建造创新技术：BIM技术、装配式技术、智慧建造技术的组合。

第2章　变 配 电 所

在配电系统建设前需做好总体规划设计。在实施整体规划和设计之前，必须考虑以下问题：

1）设计和规划方案的前瞻性。在配电系统设计中应充分考虑如何减少数据中心供配电系统的运行与维修成本，延长数据中心的使用寿命。

2）策划设计方案，确保数据中心机房运行的安全性和稳定性。

3）设计规划方案的可扩展性。配电系统规划设计方案应满足未来机房的可扩展性需求，电源布局、电缆规格、配电容量应尽可能多地考虑到机房负荷的变化，以避免由于机房内服务器、存储、网络设备增加而要频繁调整配电容量。

4）设计方案应明确数据中心建设投产分期建设的整体规划。要考虑如何将配电系统与分期投产有效结合。另外，改造和供电切换过程中涉及的组织、协调等问题也是必须考虑的。

结合《数据中心设计规范》（GB 50174—2017）中 A、B、C 三级，保障等级不同的数据中心变配电所内的高压配电、变压器、低压配电及其他相关系统均应基于表 2-0-1 所示原则进行配置。

表 2-0-1　GB 50174—2017 对于各级数据中心变配电系统的技术要求

项目	技术要求			备注
	A 级	B 级	C 级	
供电电源	应由双重电源供电	宜由双重电源供电	两回线路供电	—

（续）

项目	技术要求			备注
	A 级	B 级	C 级	
供电网络中独立于正常电源的专用馈电线路	可作为备用电源	—	—	—
变压器	2N	N+1	N	A 级也可采用其他避免单点故障的系统配置
后备柴油发电机系统	(N+X)冗余 (X=1～N)	N+1 当供电电源只有一路时需设置后备柴油发电机系统	不间断电源系统的供电时间满足信息存储要求时，可不设置柴油发电机	—
后备柴油发电机的基本容量	应包括不间断电源系统的基本容量、空调和制冷设备的基本容量	—	—	—

2.1 高压配电系统

2.1.1 高压系统常见主接线方式

当数据中心采用 10kV 柴油发电机组作为备用电源时，图 2-1-1 和图 2-1-2 这两种方案是目前中国数据中心应用较多的高压一次方案。

方案 1 采用两段 10kV 母线，系统架构与供电部门要求一致，成熟度高，且母线和开关数量少，设备投资相对较少。市电与市电

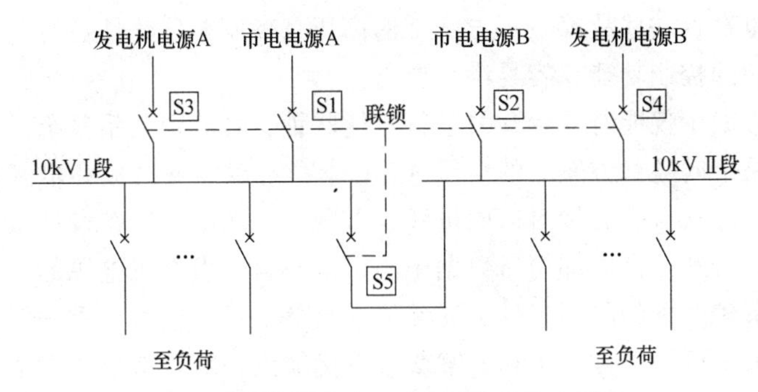

图 2-1-1 数据中心 10kV 配电系统方案 1

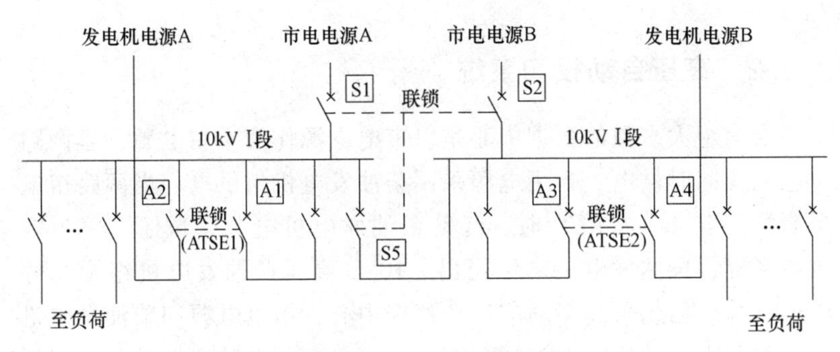

图 2-1-2 数据中心 10kV 配电系统方案 2

的转换和市电与发电机电源的转换，在主回路中没有明确的层级和物理隔离。方案 2 通过独立的分段母线，将市电间的转换、市电和发电机的转换进行分级控制，主回路具有物理隔离。所用的母线和开关数量相对较多，加之高压自动转换开关电器（ATSE）通常为成套设备，投资成本相对较高。

方案 1 采用对 4 路电源进行集中控制转换的方式，所有 5 台开关均由 PLC 或综保继电器进行控制，逻辑编程较复杂，实现起来较为困难；方案 2 采用分级控制的方式，母联自投装置与中压 ATSE 相配合，完成各自的双路电源切换，逻辑清晰简单，实现起来比较容易。

方案 1 对于负荷的顺序投切控制上，由于 PLC 或综保继电器的输入输出控制接点有限，而且编程复杂，往往在满足全部要求的同时也存在一些故障点；方案 2 的高压 ATSE 本身就具备对负荷顺序投切的控制功能，容易满足要求。

方案 1 仅能对 5 台开关进行电气联锁，且联锁关系复杂，其可靠性是个问题；方案 2 的高压 ATSE 本身可以实现机械和电气双重联锁，母联自投装置对市电进线、母联开关的电气联锁设计也成熟可靠。另外，供电部门对数据中心市电与自备发电机电源的自动切换，有较严格的限制条件，通常要求具备机械和电气双重联锁。

由此可见，方案 1 和方案 2 各有优缺点，需要参建各方结合数据中心的建设等级要求，结合当地供电部门做法要求明确系统方案。

2.1.2 高压自动投切系统

国内绝大多数的数据中心是以市电电源作为主用电源，且两路市电电源同时供电，备用电源采用柴油发电机组供电。当两路市电电源均停电（或故障）时，起动柴油发电机电源。当任一路市电电源恢复，柴油发电机电源退出。10kV 高压柴油发电机组多台并机的系统，已越来越多地应用在数据中心，市电电源和柴油发电机电源的双电源切换在 10kV 侧进行，10kV 高压自动切换也开始广泛地应用于系统。

1. 自动投切的作用

逐级投切装置的主要功能是在市电电源与柴油发电机电源切换过程中，对各路负荷进行分路投切，实现逐步增加负荷和减少负荷。逐级投切功能是保证柴油发电机电源可靠投入和安全运行的要求。

2. 逐级切换的应用

1）一路市电停电。数据中心高压室 10kV Ⅰ段市电电源失电，系统母联开关自动合闸联络供电，由另一路市电电源承担全部 100%负荷。10kV Ⅰ段市电进线开关跳闸，备自投动作，自动合闸 10kV Ⅰ/Ⅱ段母联开关。

2）两路市电停电。10kV Ⅱ段市电 2 号电源失电，确认 10kV Ⅰ段市电 1 号和 10kV Ⅱ段市电 2 号两路电源均停电后，延迟 10s，发出柴油发电机起动信号。柴油发电机控制屏接收到柴油发电机起动信号后，延时 20s 起动，系统确认柴油发电机电源正常后，延迟 5s，分闸 10kV Ⅱ段市电 2 号进线开关，再延迟 2s 分闸 10kV Ⅰ段和Ⅱ段母联开关解除联络供电，然后延迟 2s，并间隔 2s 逐级分闸 10kV Ⅰ段和Ⅱ段母线上的所有出线开关。系统延迟 2s 同时给出 10kV Ⅰ段 1 号柴油发电机进线开关合闸信号和 10kV Ⅱ段 2 号柴油发电机进线开关合闸信号，10kV Ⅰ段 1 号柴油发电机进线开关合闸和 10kV Ⅱ段 2 号柴油发电机进线开关合闸，延迟 2s，同时合闸 10kV Ⅰ段和Ⅱ段各第一台出线开关，间隔 2s 逐级合闸 10kV Ⅰ段和Ⅱ段母线上的所有出线开关，完成柴油发电机电源的全部加载。

3）任一路市电恢复。当一路 10kV Ⅰ段市电 1 号电源恢复正常时，由维护人员进行现场人工操作，对自动转换开关（ATS）控制系统进行市电恢复确认。ATS 接到指令后，发出延迟 4s 信号，自动分闸 10kV Ⅰ段和Ⅱ段各第一台出线开关，并间隔 2s 逐级自动分闸 10kV Ⅰ段和Ⅱ段母线上的所有出线开关，直至跳开全部出线开关，时间总长 14s。延迟 2s 给出 10kV Ⅰ段 1 号柴油发电机进线开关分闸信号，10kV Ⅰ段 1 号柴油发电机进线开关自动分闸。系统延迟 2s，自动合闸 10kV Ⅰ段市电 1 号电源进线开关恢复供 10kV Ⅰ段母线段负荷。延迟 2s，自动合闸 10kV Ⅰ段和Ⅱ段母联开关联络供电。再延迟 2s，同时合闸 10kV Ⅰ段和Ⅱ段各第一台出线开关，间隔 2s 逐级合闸 10kV Ⅰ段和Ⅱ段母线上的所有出线开关。自动合闸 10kV Ⅰ段和Ⅱ段母线上的所有出线开关，时间总长 14s，完成恢复市电电源的全部加载。系统延迟 26s，ATS 向柴油发电机控制屏发出撤销柴油发电机起动信号。柴油发电机控制系统延迟 300s 停机。柴油发电机房适当通风，散热后，电动百叶窗自动接收到撤销柴油发电机起动信号，延时 15min 关闭，柴油发电机系统退出。

通过逐级投切，按逻辑设定的程序逐步增加负荷或减少负荷，避免了切换过程中大电流对柴油发电机起动的冲击，提高柴油发电机起动的成功率，使得市电电源和柴油发电机电源平稳切换，保障数据中心的供电安全。

2.1.3 线路保护

1）对3~20kV线路的下列故障或异常运行，应装设相应的保护装置：相间短路、单相接地、过负荷。

2）3~20kV线路装设相间短路保护装置，宜符合下列要求：

① 中性点非有效接地电网的3~10kV线路电流保护装置应接于两相电流互感器上，同一网络的保护装置应装在相同的两相上；20kV电流保护装置应接于三相电流互感器。

② 后备保护应采用远后备方式。

③ 下列情况应快速切除故障：

a. 当线路市电常用母线或重要用户母线电压低于额定电压的60%时；

b. 线路导线截面积过小，线路的热稳定不允许带时限切除短路时。

④ 当过电流保护的时限不大于0.5~0.7s时，且无③所列的情况，或没有配合上的要求时，可不装设瞬动的电流速断保护。

3）在3~20kV线路装设相间短路保护装置，应符合下列规定：

① 对单侧电源线路可装设两段过电流保护：第一段为不带时限的电流速断保护；第二段为带时限的过电流保护，保护可采用定时限或反时限特性。对单侧电源带电抗器的线路，当其断路器不能切断电抗器前的短路时，不应装设电流速断保护，此时，应由母线保护或其他保护切除电抗器前的故障。保护装置仅在线路的电源侧装设。

② 对双侧电源线路，可装设带方向或不带方向的电流速断和过电流保护。当采用带方向或不带方向的电流速断和过电流保护不能满足选择性、灵敏性或速动性的要求时，应采用光纤纵联差动保护作为主保护，并应装设带方向或不带方向的电流保护作为后备保护。

③ 对并列运行的平行线路可装设差动保护作为主保护，并应以接于两回线路之和的电流保护作为两回线路同时运行的后备保护及一回线路断开后的主保护及后备保护。

4）3～20kV 线路经低电阻接地单侧电源线路，除应配置相间故障保护外，还应配置零序电流保护。零序电流保护应设两段，第一段应为零序电流速断保护，时限应与相间速断保护相同；第二段应为零序过电流保护，时限应与相间过电流保护相同。当零序电流速断保护不能满足选择性要求时，也可配置两套零序电流互感器。零序电流可取自三相电流互感器组成的零序电流滤过器，也可取自加装的独立零序电流互感器，应根据接地电阻阻值、接地电流和整定值大小确定。

5）对 3～20kV 中性点非有效接地电网中线路的单相接地故障，应装设接地保护装置，并应符合下列规定：

① 在变电站母线上，应装设接地监视装置，并应动作于信号。

② 线路上宜装设有选择性的接地保护，并应动作于信号。当危及人身和设备安全时，保护装置应动作与跳闸。

③ 在出线回路数不多，或难以装设选择性单相接地保护时，可采用依次断开线路的方法寻找故障线路。

④ 经低电阻接地单侧电源线路，应装设一段或两段零序电流保护。

6）电缆线路或电缆架空混合线路，应装设过负荷保护。保护装置宜带时限动作于信号；当危及设备安全时，可动作于跳闸。

2.1.4　中性点接地方式

高压中性点接地方式与电压等级、单相接地故障电流、过电压水平以及保护配置等有密切关系。电网中性点接地方式直接影响电网的绝缘水平、电网供电的可靠性、连续性和运行的安全性，以及电网对通信线路及无线电的干扰，在选择电网中性点接地时必须进行具体分析、综合考虑。

1. 中性点有效接地方式

在各种条件下系统的零序电抗与正序电抗之比（$X_{(0)}/X_{(1)}$）应为正值，并且不应大于 3，而零序电阻与正序阻抗之比（$R_{(0)}/X_{(1)}$）不应大于 1，该系统的接地方式成为有效接地方式。中性点直接接地或经一低值阻抗接地也成为有效接地方式。图 2-1-3 所示为中性点直接接地。

中性点直接接地方式的优点是系统的过电压水平和输变电设备所需的绝缘水平较低。系统的动态电压升高不超过系统额定电压的80%，高电压电网中采用这种接地方式降低设备和线路造价，经济效益显著。其缺点是发生单相接地故障时，单相接地电流有时会超过三相短路电流，影响断路器遮断能力的选择，并有对通信线路产生干扰的危险。

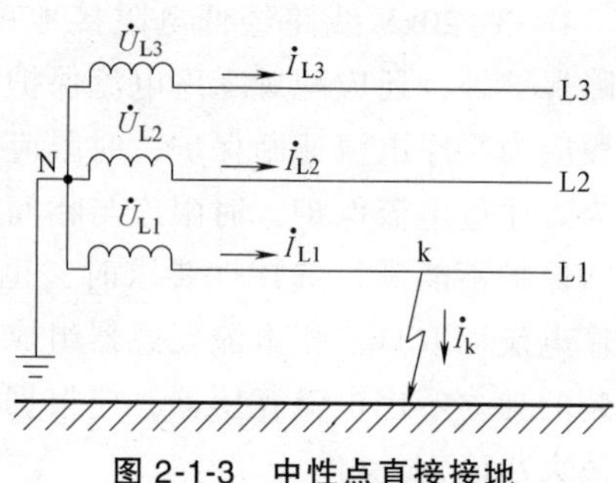

图 2-1-3 中性点直接接地

中性点经低电阻接地方式也称为小电阻接地方式，如图 2-1-4 所示。

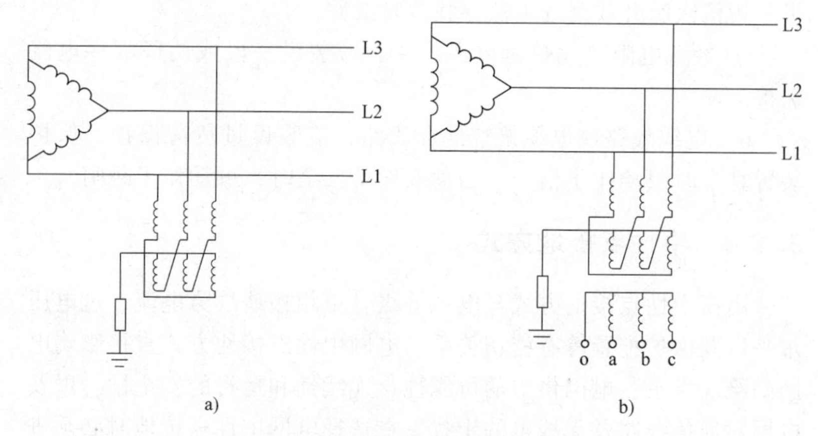

图 2-1-4 中性点经低电阻接地方式

a）接地变压器+低电阻接地方式 b）ZNyn11 或 ZNyn1 配电变压器+低电阻接地方式

中性点经低电阻接地方式的优点如下：

1）单相接地时的异常过电压抑制在运行相电压的 2. 8 倍以下，电网可采用绝缘水平较低的电气设备，改善了电气设备运行条件，提高了设备运行的可靠性。

2）能快速切除单相接地故障，提高系统安全水平，降低人身伤亡事故。

3）继电保护简单。

中性点经低电阻接地方式的缺点如下：

1）当电缆发生单相接地时，故障电流较大，强烈的电弧会危及临相电缆或同一电缆沟里的相邻电缆，酿成火灾，扩大事故。

2）对通信电子设备干扰大。

3）该接地方式适用于电缆线路为主、不容易发生瞬时性单相接地故障，且系统电容电流比较大的城市配电网、市电厂用电系统及工矿企业配电系统。

2. 中性点不接地、谐振接地、中性点接地方式的选择

（1）中性点不接地方式

优点：发生单相接地故障时，仅非故障相对地电压升高，相间电压对称性并未破坏，故不影响用电设备的供电。当单相接地电容电流很小时，不会形成稳定的接地电弧，故障点电弧可以迅速自熄。熄弧后绝缘可自行恢复，而无须使线路断开，可以带故障运行一段时间，以便查找故障线路，从而大大提高了供电可靠性。同时对许多瞬时性的接地闪络，常能自动消弧，不至于转化为稳定性故障，因此能迅速恢复电网正常运行。另外，电网的单相接地电流很小，对临近通信线路干扰也小。

缺点：发生单相接地故障时，会产生弧光重燃过电压。这种过电压现象会造成电气设备的绝缘损坏或开关柜绝缘子闪络电缆绝缘击穿，所以要求系统绝缘水平较高。当线路很长时，接地电容电流就会过大，超过临界值，接地电弧将不能自熄，容易形成间歇性的弧光接地或电弧稳定接地。间歇性的弧光接地可能导致危险的过电压。稳定性电弧接地会导致相间短路，使得线路跳闸，造成重大事故。为了避免弧光接地造成危及电网及设备的安全运行，需要改用其他接地方式。

（2）谐振接地方式

中性点经消弧线圈接地的方式称为谐振接地方式。消弧线圈的作用是当电网发生单相接地故障后，故障点流过电容电流，消弧线圈是提供电感电流进行补偿，使故障点电流降至 10A 以下。这种方式适用于单相接地故障电容电流不大于 10A，瞬间性单相接地故障较多的架空线路为主的配电网。

优点：利用消弧线圈的感性电流对电网的对地电容电流进行补偿，使单相接地故障电流小于 10A，从而使故障点电弧可以自熄，可以减少系统弧光接地过电压的概率，降低了流过接地点的故障电流 I_F 及地电位升高，减少了接地点的跨步电压和接地电位差；对瞬间单相接地故障能自动消除，电网的运行可靠性较高；在单相接地时不破坏系统对称性，系统可带故障运行一段时间，提高了供电可靠性。

缺点：中性点经消弧线圈接地方式对永久性故障选线不够快速、准确，接地故障检测困难；正在处理故障过程中对线路逐条进行拉闸可能产生较高的过电压，人工检测与排除故障所需的时间较长，容易扩大事故；投资较高。

（3）中性点经高电阻接地方式

优点：限制间歇性弧光接地过电压和谐振过电压 2.5 倍以下；接地故障电流 10A 以下，减小了地电位升高；当系统发生单相接地故障时可以不立即清除，继续运行 2h，供电可靠性较高。

缺点：系统绝缘水平要求较高；使用范围受到限制，适用于单相接地故障电容电流不大于 7A，故障电流不大于 10A 的某些小型 6~10kV 配电网和市电厂用电系统，以及 6.3kV 以上发电机的中性点接地。

3. 中性点接地方式的选择

中性点接地方式的选择是一个涉及电力系统许多方面的综合性技术问题，对于电力系统设计与电力系统运行有着多方面的影响，主要考虑供电连续性和电气装置绝缘水平。对于数据中心建筑来说，高压系统的中性点接地方式主要针对 6~35kV 系统。具体选择如下：

1）主要由电缆线路构成的 6~35kV 配电系统、市电厂用电系统，当单相接地故障电容电流较大时，可采用中性点低电阻接地方式。

2）不直接连接发电机，由电缆线路构成的6～20kV系统，当单相接地故障电容电流不大于10A时，可采用中性点不接地方式；当大于10A时又需在接地故障条件下运行时，应采用中性点谐振接地方式。

3）6kV和10kV配电系统以及市电厂用电系统，当单相接地故障电容电流不大于7A时，可采用中性点高电阻接地方式，故障电流不应大于10A。

2.2 变压器

数据中心的负荷主要是服务器、存储设备等电子信息设备及配套的空调制冷等辅助设备，为避免空调制冷设备对电子设备产生干扰，系统设置时经常会按照负荷类别的不同分别设置变压器。国家标准要求数据中心应由专用配电变压器或专用回路供电，且变压器宜采用干式变压器，为降低N线与PE线间的电位差，变压器宜靠近负荷布置。

数据中心服务器上架后，对应的变压器会处在稳定运行期，运行状态与公建、住宅类变压器不同，负荷率变化不大。不同级别的数据中心变压器配置方式不同，如A级数据中心变压器要按容错系统进行配置，在常规正常运行的情况下，单台变压器的负荷率不会超过50%。

变压器的效率取决于负荷的功率因素和负荷率。当负荷的功率因数保持不变时，变压器的负荷损耗等于空荷损耗时，变压器的损耗最小，负荷率处在变压器的最佳负荷率情况下，效率则是最高。

数据中心的变压器多采用干式变压器，在容量选择上数据中心的变压器容量多为2000kVA和2500kVA，但是在变压器的参数选择上则较为多样。首先是变压器的能耗等级。数据中心多采用SCB-10、11、12、13几种类型的变压器。

变压器的选择还需要看10年或者是20年的整体拥有成本（TCO），而不是单单比较固定成本的投入。

除此之外，变压器的散热方式、绝缘/温升以及额定阻抗电压也是变压器的关键参数。数据中心用的变压器散热基本采用 AN/AF 方式，即带有强制风冷的自然冷却方式。对于数据中心来说，大部分数据中心的变压器很少有满负荷的情况，所以 AN/AF 的散热方式具有非常高的安全边界。

《绿色数据中心评价指标体系》要求各类变压器产品均选用能效限定值及能效等级国家标准评定达到能效等级 1 级或 2 级的产品，评定标准为《电力变压器能效限定值及能效等级》(GB 20052—2020)。

设备运行年限按 20 年考虑，经计算，非晶合金变压器综合能效费用大于卷铁心变压器综合能效费用；非晶合金变压器主要应用于负荷率低且对噪声要求不高的地方。

2.3 低压配电系统

2.3.1 数据中心低压配电系统

数据中心低压配电系统与其他民用建筑比较，要求具有更高的可靠性。根据为 IT 设备配电的 UPS 配置形式的不同，除 C 级数据中心机房配置基本系统形式（N）外，B 级及以上机房的低压配电常常用到以下几种形式：$N+X$（$X=1\sim N$）系统、$2N$ 系统、分配式冗余系统（DR 系统）和模块式冗余系统（RR 系统）。

1. 基本系统（N）

当 $X=0$ 时，配电架构称为基本型，是指在整个供配电系统中，关键设备和线路均能满足 IT 负荷的基本需求，没有冗余，任何环节发生故障将直接影响 IT 负荷的正常运行。架构如图 2-3-1 所示。

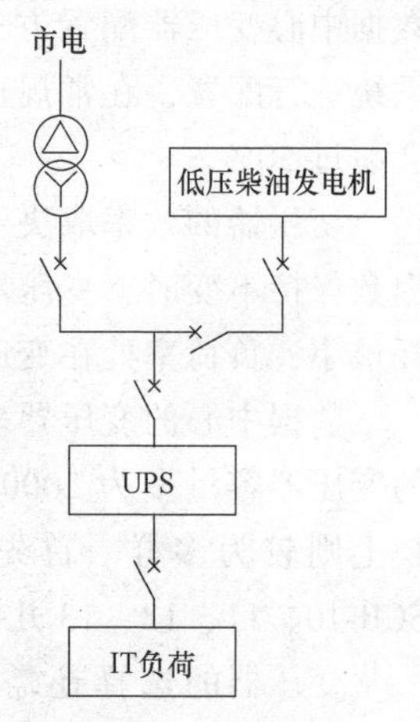

图 2-3-1 基本系统架构图

2. 冗余系统（$N+X$）

当 $N>X\geqslant 1$ 时，配电架构称为冗余型，是指供电系统满足基本需求外，增加了 X 个组件、X 个单元、X 个模块或 X 个路径。当某些设备或线路发生故障时，备用的组件、单元、模块或线路为 IT 负载供电，当单台 UPS 发生故障时，IT 负荷运行将不受影响，若单台 UPS 发生故障或单路 UPS 输出故障，IT 负荷均不受影响，但 UPS 总输入发生故障时，蓄电池放电完毕后，IT 负荷将受影响。架构如图 2-3-2 所示。

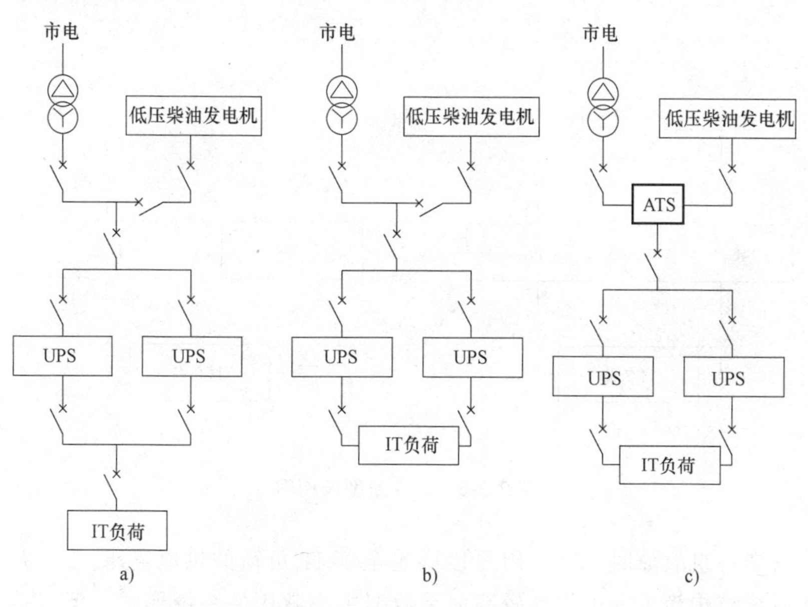

图 2-3-2　冗余系统架构图

当 UPS 的供电电源引自同一变压器时，俗称假双路型，是指 UPS 系统按照 $2N$ 架构进行配置，但仅一路市电为整个系统供电，该架构在一路市电和柴油发电机运行正常，而 UPS 系统发生单点故障时，IT 负荷的运行不受影响，但在市电和柴油发电机同时发生故障时，IT 负荷在电池耗尽后将宕机。假双路型架构可满足 B 级数据中心供电要求，架构如图 2-3-3 所示。

3. 容错系统（$2N$）

N 指的是基本容量，X 指的是冗余备份容量。以 $2N$ 系统（$X=N$）为例，设备正常运行时，每组 UPS 承担负荷侧 50%负荷，当

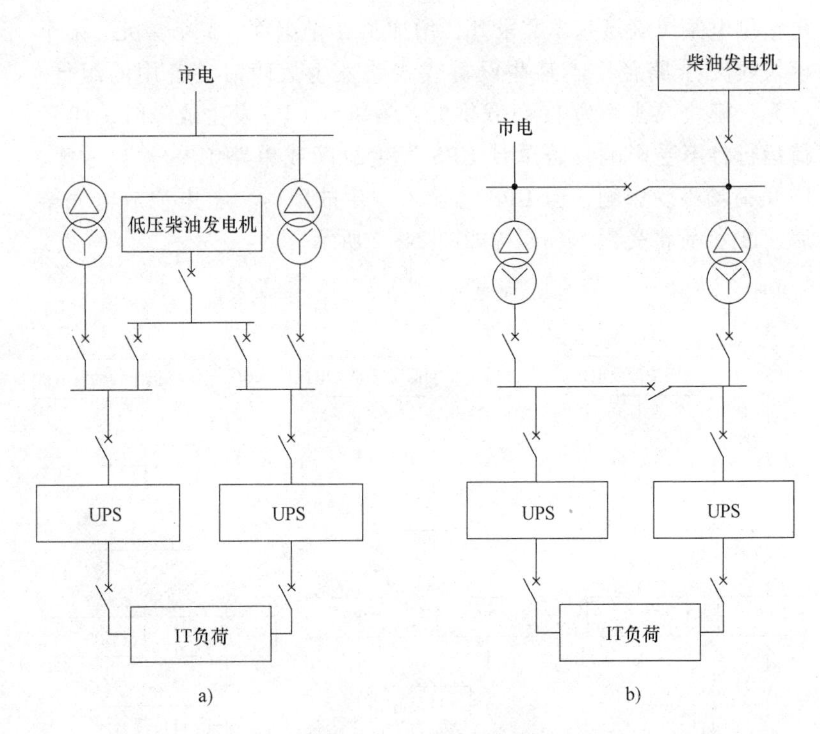

图 2-3-3　假双路型架构图

其中一组故障时，另一组可以满足全部 IT 负荷的供电需求。$N+X$ 系统结构简单，可靠性较高，是数据中心常用的系统形式。但 $N+X$ 系统配置的 UPS 容量较大，在正常运行时负荷率较低，导致利用率不高，另外也导致了相应制冷空调负荷容量的增加，投资相对较大。2N 系统单线接线方式如图 2-3-4 所示。

在此基础上，容错型配电架构有多种形式。如图 2-3-5 所示，供电系统具有两套完整的变压器和 UPS 系统，至少一套系统在正常工作。图 2-3-5a 为两路简洁的配电架构；图 2-3-5b 加入了 ATS，可以实现双路切换；图 2-3-5c 采用一路市电和一路 UPS 配电架构，可实现故障时快速切换；图 2-3-5d 中同时加入了 ATS 和静态转换开关（STS），大大提高了配电冗余度，但是也牺牲了一定的经济性。

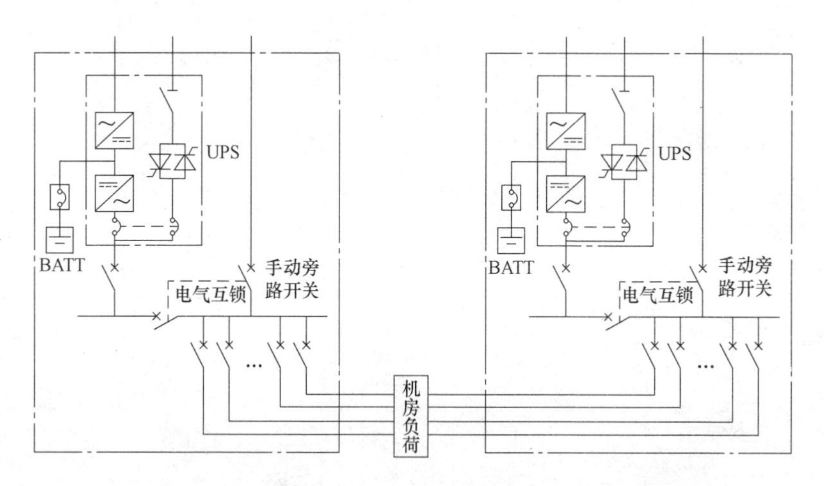

图 2-3-4　2*N* 系统单线接线方式

4. RR 系统

RR 系统每组负荷由单独的一组 UPS 系统供电，每组 UPS 均能满足对应负荷的要求。在此基础上，另外设置一组 UPS 系统给所有的带负荷 UPS 系统作为冗余备份。RR 系统 UPS 负荷率很高，但 RR 系统复杂，系统构建要求较高，需要配置大量 STS 设备，运行维护难度相对大。图 2-3-6 所示的 RR 系统中，从变压器开始一直到 UPS 以及 UPS 输出侧有一整套冗余系统（位于最右侧）。其余 3 套为主用系统。负荷率为 100%、100%、100%、0%。当任何一套主用系统出现问题时，则通过末端的 STS 将负荷全部转移到冗余系统上。简单来说，这是一个系统 3+1 的冗余。此方案的优点较 2*N* 系统降低了变压器以及 UPS 等相关下游设备的冗余数量，但是如果需要将外电容量全部用满，则需要多出一套系统（含变压器、低压柜、UPS 系统）。这样在供电申请时会出现变压器的装机容量大于实际的外电申请容量，可能在部分区域实施有困难。

这样的做法冗余逻辑较为简单，便于运维人员控制每套系统下的负荷率。但是系统冗余只能满足一套系统的故障切换，如再次出现故障，则故障系统都将出现宕机。在某些情况下为了节约投资，可以将第二路的 STS 省去，详见图 2-3-7。

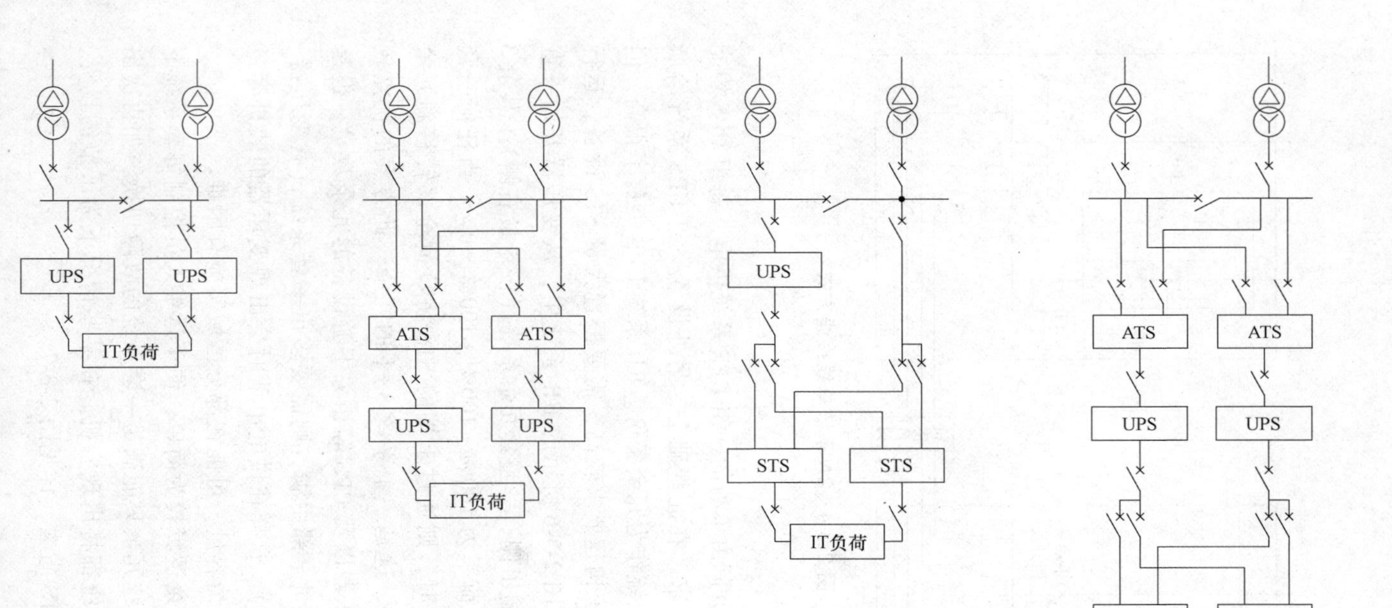

图 2-3-5 2N 系统示意图

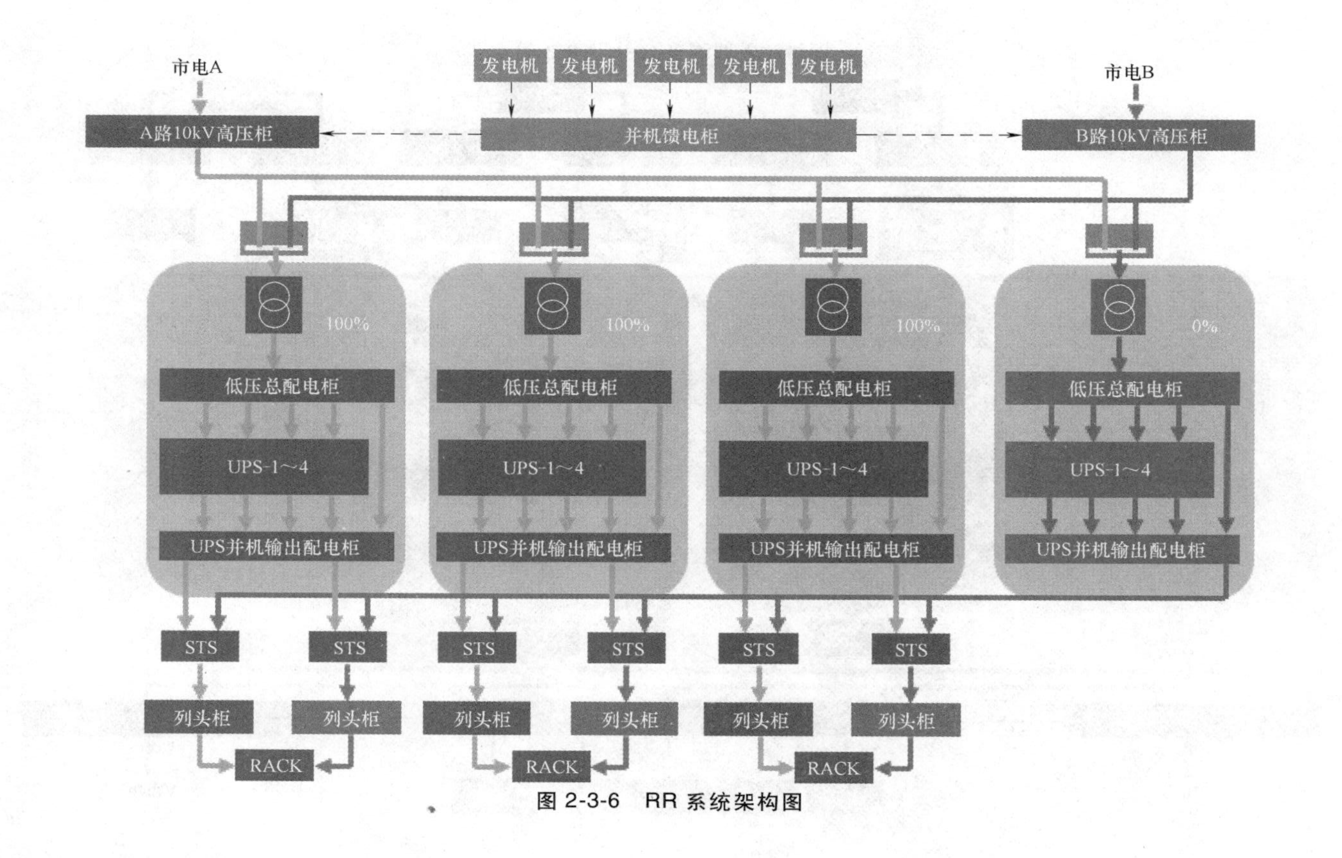

图 2-3-6　RR 系统架构图

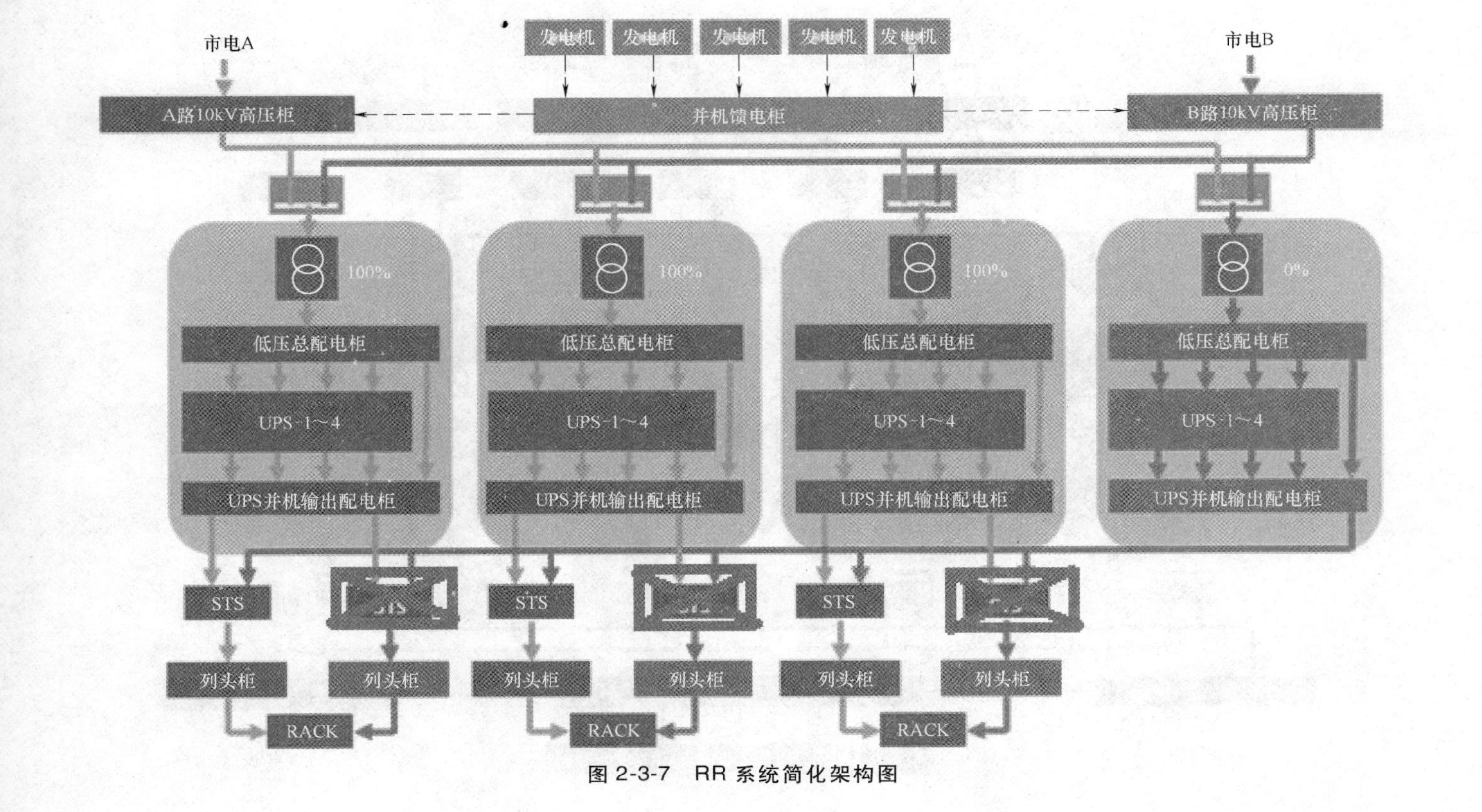

图 2-3-7　RR 系统简化架构图

5. DR 系统

DR 系统根据负荷容量配置 3 组或者 3 组以上的 UPS，设备正常运行时，每组 UPS 均匀承担负荷容量，当其中一组 UPS 故障时，另外几组承担全部负荷。DR 系统使 UPS 的负荷率有所提高，损耗较少，投资相对较少。但 DR 系统要求正常情况下负荷分配相对均匀，当需要增加负荷时都要根据实际负荷平衡增加，UPS 分配的组数越多，负荷分配的难度越大。系统相对大，且相互联系性强，分期建设不灵活。DR 系统单线接线方式如图 2-3-8 所示。正常运行时，系统负荷率分别为 66%、66%、66%。

如 2 号系统出现故障，则系统负荷率变为 100%、0%、100%，如图 2-3-9 所示。

DR 系统较 RR 系统投资更优，因为省去了昂贵的大电流 STS 设备的投资，但是对于负荷分配要求较高。如果对于一个需要频繁上、下架服务器的数据中心来说，有效控制每套系统的负荷率是一个挑战。如果想使用满外电容量，同样面临着实际安装的变压器容量超过外电申请容量，因此同样面临当地供电部门的审批。

2.3.2 国外常用的配电架构

相较于国内数据中心配电架构，国外一些数据中心结合当地的供电情况及保障需求，形成了一些有别于国家标准图集的配电架构。以两种国外常用的配电架构为例进行简要说明。配电架构详见图 2-3-10 和图 2-3-11。

单母线环网方案说明：A 路从现有的 A/B 段母线分别引出一个开关，下游通过环网柜成环，B 路同理。因此 A/B 两个供电回路分别拥有 A 环和 B 环两个环路。这样的系统多用于超大型的数据中心，环形的配电架构较现有的放射形配电架构减少了高压一次出线回路。当环网系统内出线故障，则通过两个馈出的断路器来进行保护。随后可以通过环网自愈的一些控制器实现自动环网柜的自动分合闸实现故障的隔离以及供电恢复。环形的配电架构当系统出线故障时更易恢复，且故障范围较小。施耐德 T300 的配网自动化智能终端便是环网自愈控制器的一种。除了如上的单母线环网方案以外，还有双母线环网方案。

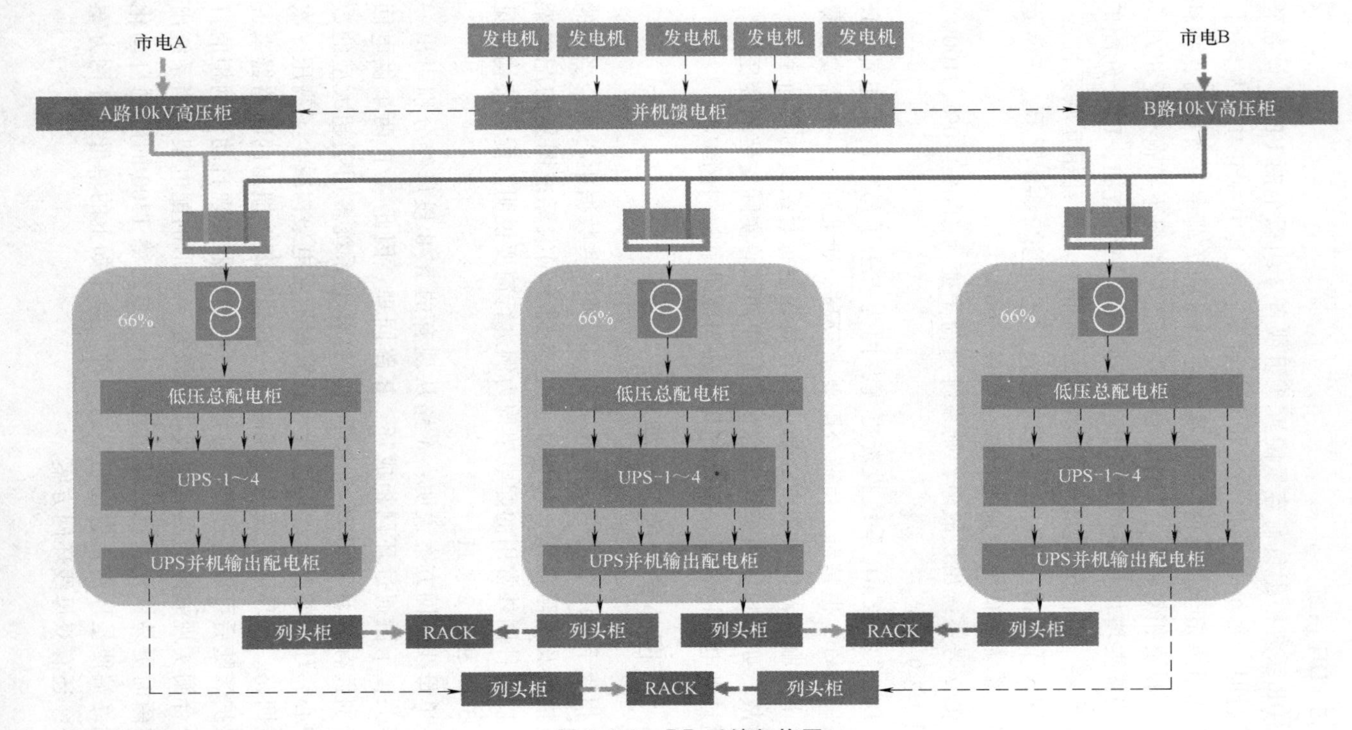

图 2-3-8　DR 系统架构图

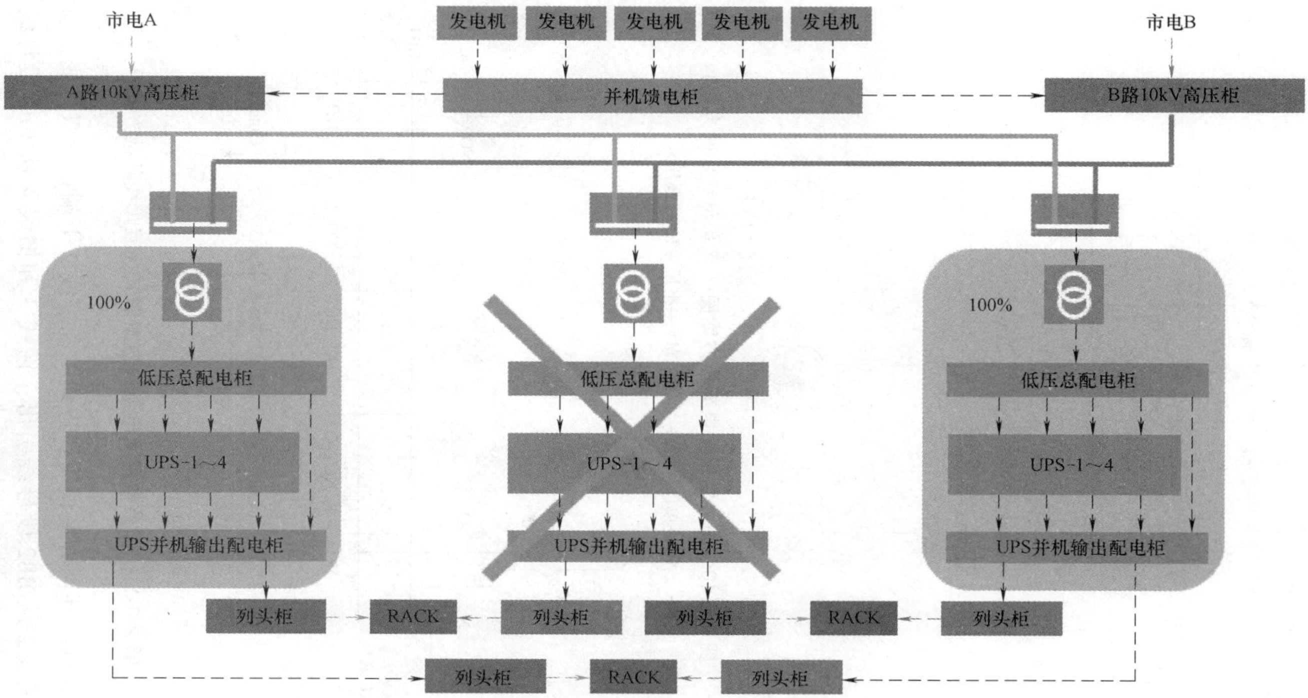

图 2-3-9　DR 系统故障分析图

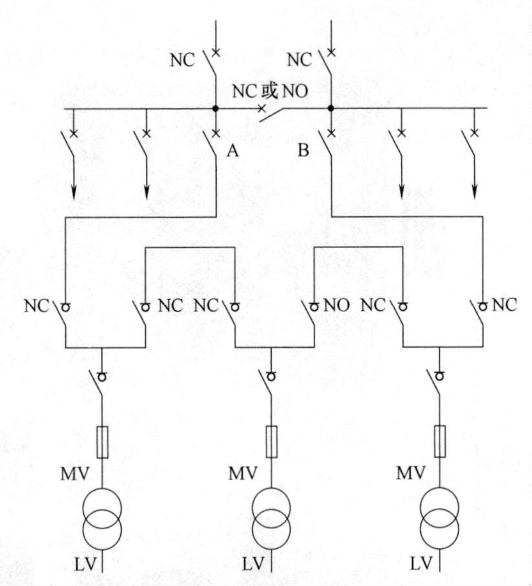

图 2-3-10　国外常用配电架构方案图一（单母线环网方案）

NC—单闭　NO—常开　MV—中压　LV—低压

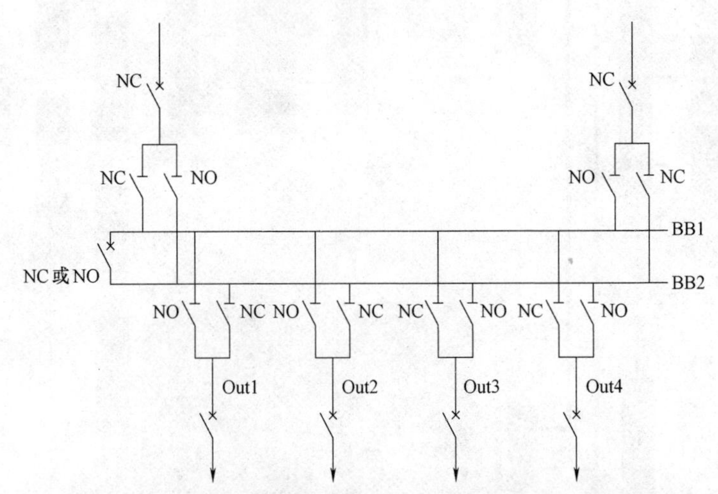

图 2-3-11　国外常用配电架构方案图二（双母线环网方案）

双母线环网方案说明：进线 1 和进线 2 下端设置双母线，馈线 1 和馈线 2 从 BB2 段母线引出，馈线 3 和馈线 4 从 BB1 段母线引出。此方案的优点在于当 BB1 或者 BB2 段任何的母线故障都不会造成超过一半的变压器无法工作。

中压系统在数据中心的架构较为单一，而相对固定，无论采用上述的哪一种方案，整个数据中心的中压系统都能够满足一次故障下的正常运行。从系统造价的角度来说，单母线环网方案较优；从系统的可靠性角度来说，双母线环网方案较优。

2.4 其他

传统数据中心配电系统结构成熟，但同时也存在系统割裂且复杂、占地面积大、故障定位难等问题，如何简化供电架构、减少占地面积、缩短施工周期，是未来数据中心配电发展的趋势。同时，绿色节能、边缘数据中心、智慧配电管理系统对供配电系统提出了新的要求。

(1) 预制化

预制模块化配电数据中心是一种预先设计、组装、集成和测试的物理基础设施系统，可作为标准化“即插即用式”模块。配电系统的预制化可以有多种形式。以外观特征区分，可分为集装箱式和底座安装式。集装箱式通常安装在室外，底座安装式直接安装在机房地面。国内数据中心建筑以土建结构为主，配电模块的预制化以机房内安装为主流。根据预制化程度不同，一种预制化方式为一体化模块，将低压配电室单列设备统一预制在底座上，可满足消防通道要求，但需要对建筑结构特殊处理才能满足现场吊装要求，应用场景不具有通用性。另一种预制化方式为拼装式模块，低压侧各配电环节通过预制母排连接，现场进行组装式拼装。当前市场上较前沿的预制化产品为将 UPS 与输入输出柜模块化，做成标准的 1.2MW 或 1.6MW 电力模块。将传统配电环节中的中压配电、变压器、低压配电和高压直流电（HVDC）集成到一起，减少配电环节，一方面节省了占地面积，提升机房利用率，另一方面可以实现快速部署，缩短施工周期。

(2) 采用绿色能源

数据中心规模不断加大，其电力消耗也在不断增长。有光伏发电建设需求的数据中心，处理手段主要是在建筑屋顶设置分布式光伏发电，所产电能主要给运维办公区域等一些次要负荷供能，年发电量占全年用电量的比例不到0.1%。如何利用绿色能源给数据中心提供高可靠性电力是限制绿色数据中心发展的一大难题。2019年，国家电网公司提出了“泛在电力物联网”。对于数据中心而言，泛在电力物联网利用先进信息通信技术，对众多的分布式能源进行控制，充分发挥不同区域内分布式能源的互补特性，更好地满足数据中心用户对多种能源的需求。数据中心是典型的交直流负荷并存的高能耗负荷中心，接入绿色能源的数据中心低压配电侧可设置直流配电母线和交流配电母线，分别供给直流设备和交流设备。与传统交流配电相比，交直流配电方案可减少电能变换环节、提高供电效率。

(3) 边缘数据中心配电

随着大量5G网络的建设，边缘计算数据中心的爆炸性需求即将到来，数据中心从原来的集中式架构逐步转变为分布式架构。以部署在运营商接入机房内的边缘数据中心为例，现有通信机房的供电资源差异性较大，部分机房甚至会出现只有一路市电的情况，而且部分机房无法配置柴油机，甚至出现异常断电时，备电时长小于移动柴油机到达机房时长，难以满足现有国家标准的评级标准。此外，接入、传输、交换、核心等多种设备供电需求不一致，多种业务对备电时长要求差异较大，备电方案复杂。为应对边缘数据中心对配电架构的挑战，匹配业务融合需求，需要一体化的供配电架构，高度集成不同信息、通信、技术（ICT）设备和交直流电源、制冷、监控等的模块化解决方案是未来的技术趋势。

(4) 智慧配电系统

数据中心配电系统运行安全管理以变电站通信网络和系统的国际标准IEC 61850为基础，实现了变电站的工程运作软件化、系统运维预判化以及未来扩展灵活化的使用需求。数据中心采用智慧配电系统方案优势如下：

1) 智慧诊断：数据中心智慧配电系统以配电设备为管理对

象，基于 IEC 61850 数字化技术应用实现配电系统底层共享数据信息，综合系统运行工况、设备健康状态、能耗节点分析、通过 IT 以及人工智能诊断技术提供配电系统预测性设备诊断、专家级运行及运维策略，自动投切系统，有效预防非预期停电损失，减少人工运行维护成本，提高配电系统全生命周期的管理水平。

2）智慧灵动：基于 IEC 61850 的全站级数字化保护，细化边缘层和设备层故障识别和诊断管理的颗粒度，轻松实现配电系统故障精准定位、迅速隔离故障、100ms 内快速恢复系统供电，大大降低设备的伤害，确保配电系统的快速恢复供电，实现专家级配电系统全面保护及管理能力。

3）透明管理：设备健康状态实时监测，关键节点能耗实时跟踪，提供透明可视的决策依据，显著降低设备故障或过负荷带来的非计划停电风险，用科技力量实现精细化管理。

4）专家随行：综合系统运行工况、负荷能耗轨迹、设备健康状态，提供专家级运行策略及智慧运维建议，减少人工经验欠缺带来的系统管理风险。

数据中心智慧配电管理系统打破传统方案信息孤岛的问题，从底层数据库出发，以纵向管理一体化为中心，有机结合综合信息，简化人工管理过程，实现配电系统纵深型智慧管理五大功能：配电系统运行安全管理、配电设备健康诊断、实时专家建议、配电设备能耗优化以及智慧移动运维管理。

第3章　备用电源系统

3.1　柴油发电机系统

3.1.1　发电机组功率定义

《往复式内燃机驱动的交流发电机组　第1部分：用途、定额和性能》（GB/T 2820.1—2009）规定的发电机组功率种类见表3-1-1。

表3-1-1　发电机组功率种类

功率种类	持续功率（COP）	基本功率（PRP）	限时运行功率（LTP）	紧急备用功率（ESP）
定义	在商定的运行条件下并按制造商规定的维修间隔和方法实施维护保养，发电机组每年运行时间不受限制地为恒定负荷持续供电的最大功率	在商定的运行条件下并按制造商规定的维修间隔和方法实施维护保养，发电机组能每年运行时间不受限制地为可变负荷持续供电的最大功率 在24h周期内的允许平均输出功率应不大于PRP的70%，除非往复式内燃机制造商另有规定	在商定的运行条件下并按制造商规定的维修间隔和方法实施维护保养，发电机组每年供电达500h的最大功率	在商定的运行条件下并按制造商规定的维修间隔和方法实施维护保养，当公共电网出现故障或在试验条件下，发电机组每年运行达200h的某一可变功率系列中的最大功率 在24h运行周期内允许的平均输出功率应不大于ESP的70%，除非往复式内燃机制造商另有规定

（续）

功率种类	持续功率（COP）	基本功率（PRP）	限时运行功率（LTP）	紧急备用功率（ESP）
负荷种类	恒定负荷	变动负荷	恒定负荷	变动负荷
负荷率	100%	70%，24h 内	100%	70%，24h 内
年使用时间	不限	不限	500h	200h

从表 3-1-1 可看出，持续功率（COP）是机组的最基础功率，其余的是强化功率，通过限制使用时间、平均负荷等来提高机组功率。需要注意的是，基本功率（PRP）与紧急备用功率（ESP）都是在 24h 以内平均 70%负荷的标定。如果在超出标定的功率种类条件下使用，将缩短发电机组的寿命直至引起发电机组损坏。

3.1.2 性能等级

1. 性能等级的分类

《往复式内燃机驱动的交流发电机组　第 1 部分：用途、定额和性能》（GB/T 2820.1—2009）规定的发电机组性能等级见表 3-1-2。

表 3-1-2　发电机组性能等级

性能等级	适用的发电机组用途	实　例
G1 级	只需规定其基本的电压和频率参数的连接负荷	一般用途（照明和其他简单的电气负荷）
G2 级	其电压特性与公用电力系统的非常类似。当负荷发生变化时，可有暂时的然而是允许的电压和频率的偏差	照明系统；泵、风机和卷扬机
G3 级	连接的设备对发电机组的频率、电压和波形特性有严格的要求	电信负荷和晶闸管控制的负荷。应认识到，整流器和晶闸管控制的负荷对发电机电压波形的影响需要特殊考虑
G4 级（定制机组）	对发电机组的频率、电压和波形特性有特别严格要求的负荷	数据处理设备或计算机系统

从表 3-1-2 中可以分析，对于数据中心，由于其负荷大多数都是 IT 负荷，由 UPS 提供持续运行的电源，其所选用的柴油发电机组应该达到 G3 级规定的要求，同时达到《通信用柴油发电机组的进网质量认证检测实施细则》规定的 24 项性能指标要求。通信用柴油发电机组与工业柴油发电机组不同，带容性能力更强。

2. 发电机组功率的选用分类

（1）按负荷需求选择功率考虑

运行时间的考虑：持续功率（COP）及基本功率（PRP）满足年运行时间不限的需求，限时运行功率（LTP）及紧急备用功率（ESP）年运行时间限制在 500h 及 200h。

运行平均负载的考虑：基本功率（PRP）及紧急备用功率（ESP）平均负荷限制于≤70%；持续功率（COP）及限时运行功率（LTP）负荷率可在 100%及以下运行。

（2）按照功率额定值考虑

最大功率的考虑：发电机组的最大功率应大于或等于负荷的最大功率。其中负荷的最大功率，需根据数据中心的实际运行状态进行计算，不考虑备用电源供电时可以不必运行的负荷容量。

平均负载率的考虑：发电机组所能提供的平均负载率应大于或等于负载的平均负荷率。

瞬态特性的需求：除要求的稳态功率外，还应考虑由附加负荷（例如电动机起动）引起功率的突然变化而影响到频率和电压特性，满足任何负荷期望的接受状态。

（3）额外温升的考虑

高温、灰尘以及整流器、变频器等类型的负载致使发电机的温升超过限定值，应选用与绝缘材料低一等级的温升，例如采用 H 级绝缘的发电机温升不超过 F 级，采用 F 级绝缘的发电机温升不超过 B 级。

现场实际条件下功率的折损：受数据中心现场条件下的环境温度、海拔、冷却通风等影响，发电机组的功率不能达到额定值，需要考虑降低功率使用。

3.1.3 柴油发电机的典型系统架构

按照柴油发电机的供电电压等级分为低压和高压供电系统。

1. 低压供电系统的分类

低压供电系统主要分为 2*N* 供电系统、*N*+1 切换发电机组供电系统和 *N*+1 并联发电机组供电系统，供电电压为 400V。

（1）2*N* 发电机组系统

2*N* 供电系统为低压柴油发电机一用一备，逐一对应，此架构投资成本高、容错性高、可靠性好。但逻辑切换较为复杂，需要把主备发电机组、低压柜、联络柜之间的状态及故障信号采集并加以判断，运行场景较多。具体供电架构详见图 3-1-1。

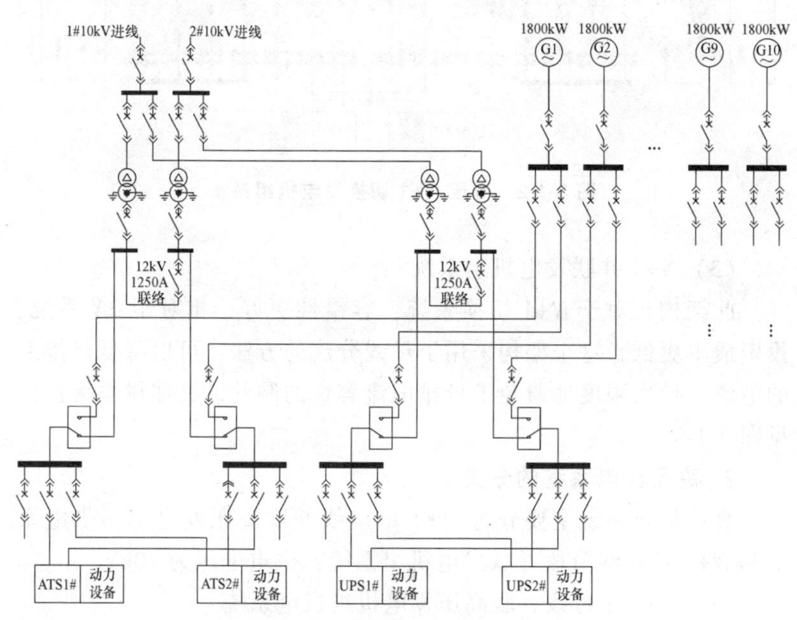

图 3-1-1　低压 2*N* 发电机组系统

（2）*N*+1 切换发电机组系统

相对于 2*N* 系统，此结构只采用一台备用机组作为后备，结构简单、投资成本低，任意一台主发电机组故障时，备用机组起动运行。具体供电架构详见图 3-1-2。

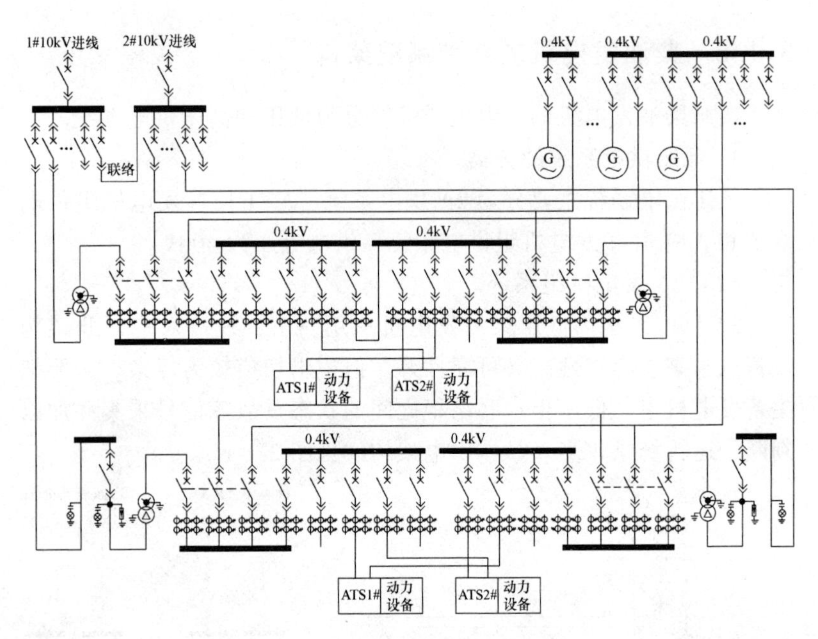

图 3-1-2 低压 *N*+1 切换发电机组系统

(3) *N*+1 并联发电机组系统

此架构相对于 *N*+1 切换系统，容错性更好，相对于 2*N* 系统，投资成本更低，这个架构采用了母线分流的方法，可以降低母排上的电流，最大限度地避免了母排电流容量的制约。具体供电架构详见图 3-1-3。

2. 高压供电系统的分类

高压供电系统主要分为 *N*+1 单母线并联高压发电机组供电系统和 *N*+1 单母线分段并联发电机组系统，供电电压为 10kV。

(1) *N*+1 单母线并联高压发电机组供电系统

N+1 单母线并联高压发电机组供电系统是将中压柴油发电机统一并机到一条供电母线上，再由这条母线将中压电力分配至各电源进线母线，中压柴油发电机配置为 *N*+1，能够保证在有一台柴油发电机故障的情况下系统仍然能够正常供电。本系统结构简单，成本较低。具体供电架构详见图 3-1-4。

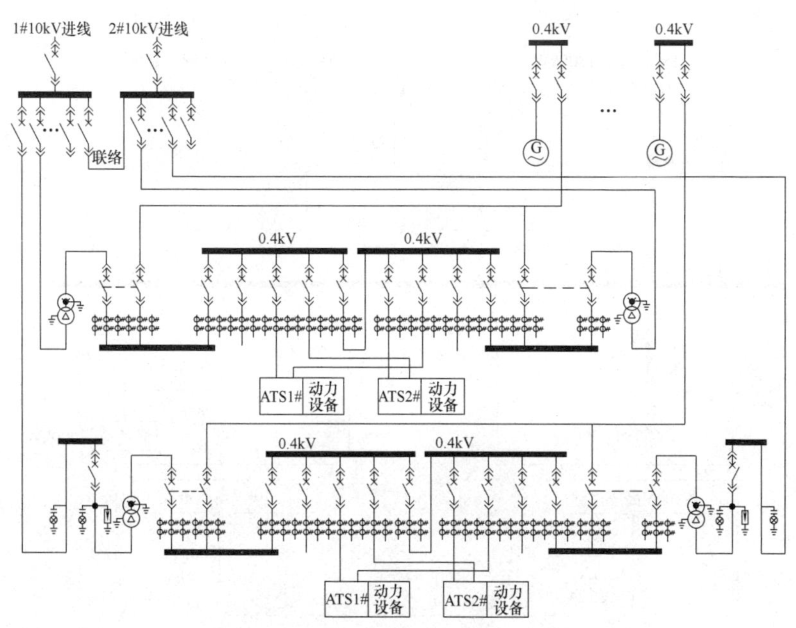

图 3-1-3 低压 N+1 并联发电机组系统

(2) N+1 单母线分段并联发电机组供电系统

N+1 单母线分段并联发电机组供电系统是将每台中压柴油发电机分别引至两段柴油发电机供电母线上，再由这两段供电母线分别将电力引至电源进线母线，当有一条供电母线故障或是维护时，发电机系统可以通过另一段母线仍能保证系统正常供电，中压柴油发电机配置为 N+1，能够保证在有一台柴油发电机故障的情况下系统仍能正常供电。本系统结构复杂，成本较高。具体供电架构详见图 3-1-5。

(3) 不同高压柴油发电机供电系统架构之间对比

决定架构的因素一般有经济成本、维护性和运行可靠性等，不同的架构有不同的优势，建设方要根据自身的实际情况来决定架构。

从成本和可靠性角度考虑，一般采用 N+1 单母线结构；考虑在线可维护的（一般是需要 Uptime 的 Tier Ⅳ和 Tier Ⅲ认证），采用 N+1 单母线分段结构，这种结构投资成本相对较高，容错性好，

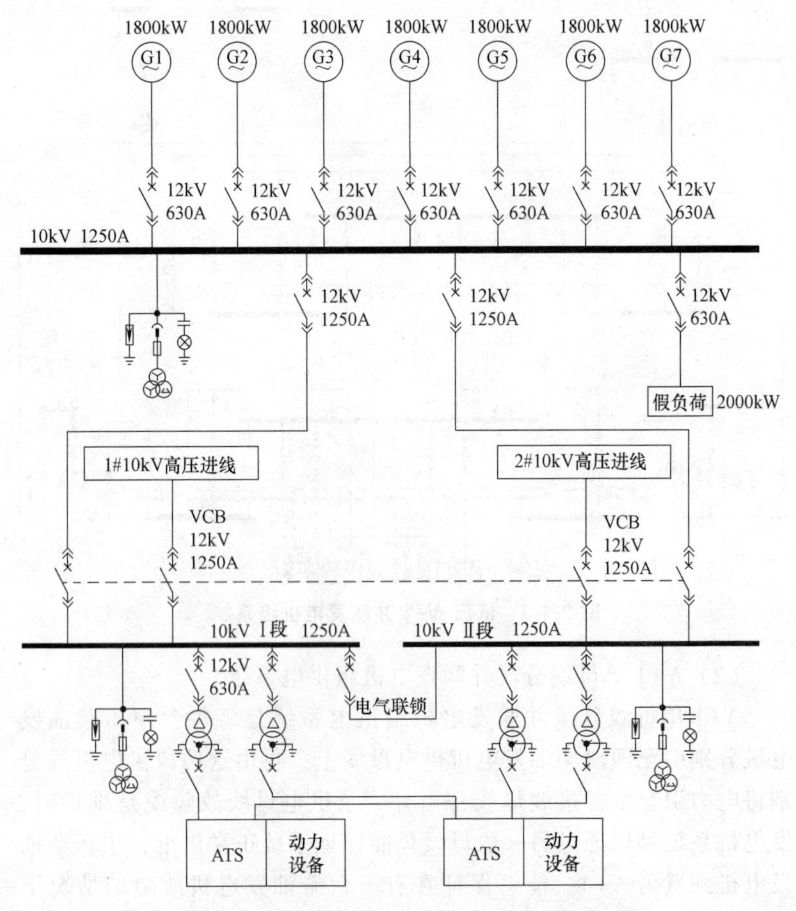

图 3-1-4 *N*+1 单母线并联高压发电机组供电系统

但操作流程较为复杂，对运维人员能力要求较高。

3. 高、低压发电机组的选择与对比（见表 3-1-3）

4. 10kV 系统（市电-柴油发电机）**自动切换装置**

10kV 自动切换控制系统在下面几种情况时，能够实现自动投切备用电源，保证负荷的不间断供电。

1）两路市电供电，其中一路失电；一路电源供电，另一路电源恢复供电时。

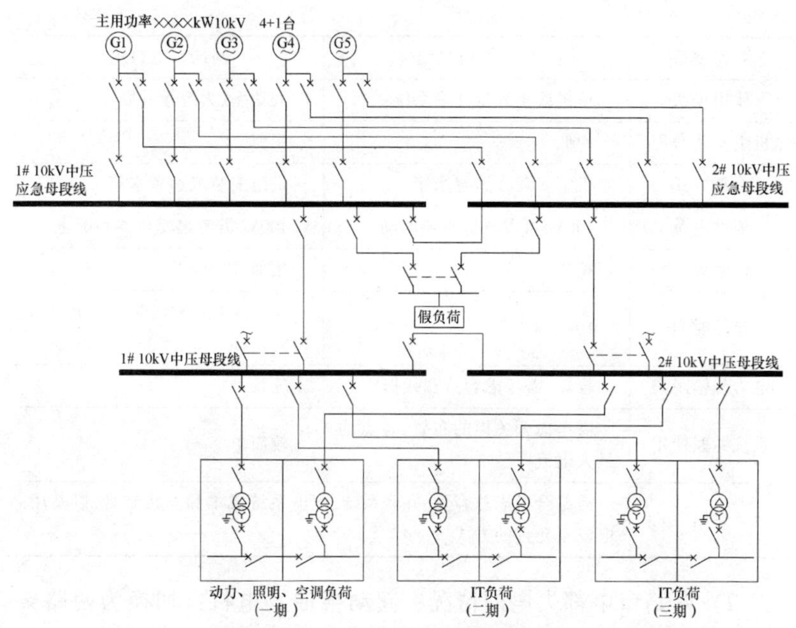

图 3-1-5 高压 *N*+1 单母线分段并联发电机组供电系统

表 3-1-3 高、低压发电机组的选择与对比表

对比项目	低压发电机组	高压发电机组
电流	大	小
公共部分	柴油发电机、水箱、控制系统	柴油发电机、水箱、控制系统
电压	400V	10.5kV
技术水平	相似	相似
组装	标准化	部分大公司标准化
成本	低	比低压高 10%~15%
操作	简单	较简单
维护	简单	较简单
负荷干扰	如非线性负荷，需考虑对发电机的影响	对比低压发电机，变压器连接负荷可抵抗部分非线性负荷
配套设施	低压柜	高压柜
接地系统	不需要	需考虑

（续）

对比项目	低压发电机组	高压发电机组
使用场所	单机或小容量并联系统	大功率、大容量并联
机组安装费用	相似	相似
冷却方式	机组安装或远置水箱	机组安装或远置水箱
辅助电源	400V，可发电机直接驱动	400V，需考虑变压器和配电
机组效率	相似	相似
起动时间	10s	10s，但需要考虑配电系统所用时间
电力传输距离	较短、需考虑容量和线损	较长
系统并联使用	需考虑开关柜的布置，各点的最大电流	较简单
总结	需综合考虑总容量、并联系统、配电系统成本和安装难易，以及用电设备允许的方式	

2）两路市电都失电的情况；起动柴油发电机，切换为两路柴油发电机电源供电。

3）两路柴油发电机电源供电，其中一路柴油发电机电源失电。

4）当由柴油发电机电源供电时，市电电源恢复后，负荷的切换。

5）母线故障时负荷的切换。

6）柴油发电机运行情况下，柴油发电机发生故障时，负荷的自动减载。

当处于上述情况时，ATCS系统均应根据预先设定的程序，自动完成相关的操作。

10kV自动切换控制系统分为PLC方式与综保方式。

（1）基于PLC方式的中压电源负荷自动控制系统

这是目前工程实践中比较成熟的切换方式。

优点在于可根据工程实际情况编程，对于负荷的加减载可以灵活设定，保证柴油发电机投入时的系统稳定，与传统综保方式对比，接线量大幅减少，综保设定简单。

缺点在于 PLC 方式本身是从通信电源控制手段发展的，其信号传输仅有几十毫安，在复杂电磁环境下，受到干扰时，可能产生拒动或误动。业内认识到优缺点后也做了有益的尝试，比如设置双判据，发出的信号需要接收到末端反馈信号才算成立等，起到一定的作用，但也造成系统复杂。另外，PLC 基于编程实现，业主需要保留最终调试通过版本的开源程序。一旦需要系统变更，还要原班人马或另外委托程序员熟悉程序，以便调整系统达到新的使用要求。

（2）基于综保方式的高压电源负荷自动控制系统

由于 PLC 切换方式尚存一些弊端，施耐德、ABB 等综保厂商均推出新的解决方案，使用综保专用控制器，采用 IEC 61850 规约 GOOSE 通信方式传输，这种基于电力系统的解决方式避免了 PLC 容易被干扰的问题，同时也可以完成综保的轻松设定，切换操作交给控制器完成。

高压电源负荷自动控制系统要求如下：

1）高压电源负荷自动控制系统能根据现场要求灵活实现市电到市电、市电到柴油发电机电源，柴油发电机电源到柴油发电机、柴油发电机到市电几种切换功能。

2）高压电源负荷自动控制系统的柜间逻辑信号点采用 IEC 61850 GOOSE 通信方式传输。

3）为保证控制系统通信可靠性，通信网络采用 HSR 或 PRP 冗余协议。

4）高压电源负荷自动控制系统的控制装置采用国家继电器试验室认证产品。

5）高压电源负荷自动控制系统的软件需要符合 IEC 62443 工控网络与系统信息安全标准。

6）高压电源负荷自动控制系统通过国家继电器实验室认证。

7）高压配电系统的微机保护支持 IEC 61850、HSR 和 PRP 冗余通信协议。

8）起动柴油发电机的控制信号，由电源负荷控制系统的控制单元发出。

高压电源负荷自动控制系统典型系统架构如图 3-1-6 和图 3-1-7 所示。

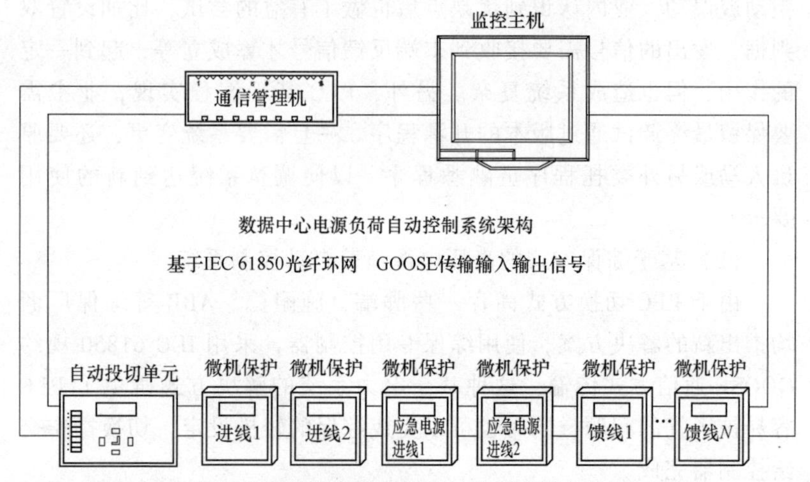

图 3-1-6 高压电源负荷自动控制系统典型系统架构图（环形）

5. 室内安装与室外集装箱式对比

室内安装的发电机组布置需要注意以下几点：

（1）土建基础

1）强度必须能支撑机组的湿重，外加动负荷 25%。当发电机并联运行时，易考虑承受 2 倍的湿重。

2）外围尺寸必须超过发电机组边缘至少 300mm。

3）条件允许下，考虑基础隔振层措施。

4）当机房地面为楼板或混凝土结构时，建议基础高出地面 100~200mm，基础筋需与楼板连接。

5）基础之间的间距建议不小于 3m。

（2）通风

1）机房的通风主要是提供足够有冷却空气带走发电机组的散热量，同时也提供足够的空气用于燃烧需要。但也要控制空气流动不至于影响到操作人员的舒适。

2）室内风速不宜大于 5m/s，以免影响操作人员的体感舒适度。

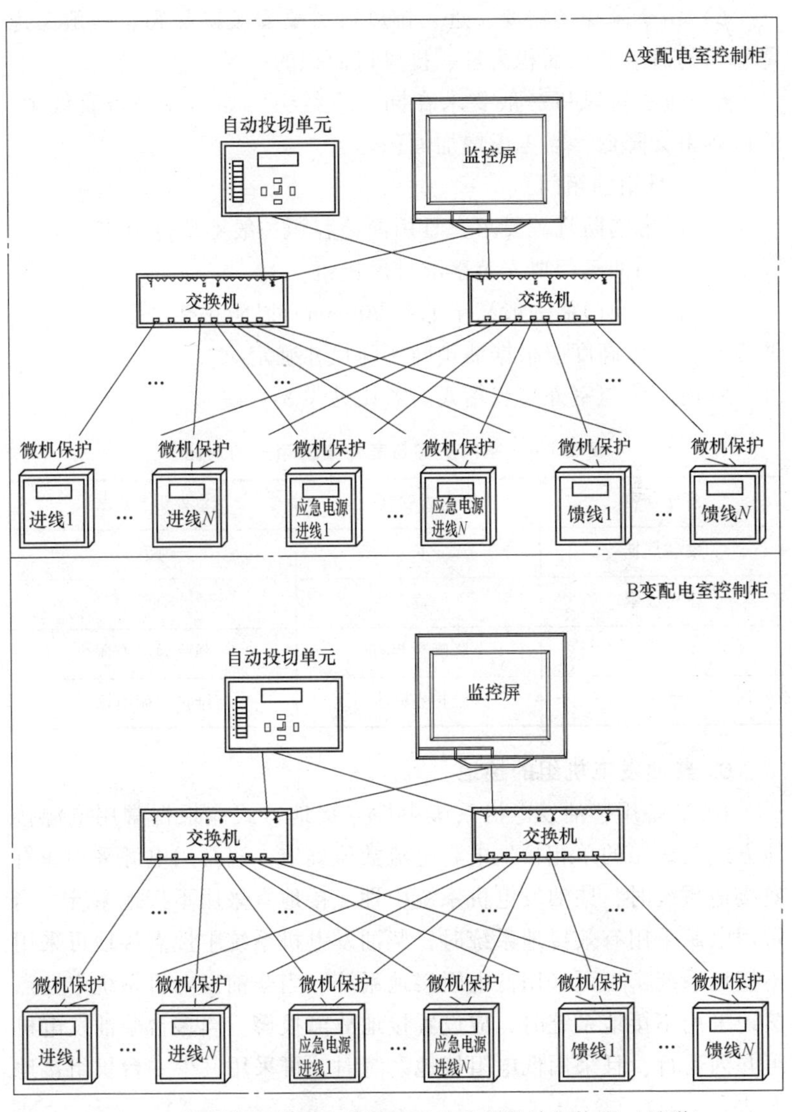

图 3-1-7 高压电源负荷自动控制系统典型系统架构图（星形）

3）散热器导风罩面积一般要大于散热器芯面积的 1.5 倍以上。

4）机房的通风量=散热器风扇的空气流量+燃烧空气需要量，以此来计算进风、排风口面积大小。

5）由于降噪的需要，进、排风口需要安装降噪箱，一般考虑降噪箱的有效通风面积为进、排风口面积的一半。

6）进、排风口一般要求在同一直线上，如不在一条直线上，通风效率会降低，需考虑增加面积。

（3）日用油箱间

1）考虑消防规范要求，日用油箱容积一般不超过1000L。

2）日用油箱间要安装事故排风风机。

3）油箱间门槛一般高于地面200mm，以防止柴油泄漏时留出油箱间，具体高度应根据油箱间实际尺寸确定。

室内安装与室外集装箱式的对比见表3-1-4。

表3-1-4　室内安装与室外集装箱式的对比

对比项目	室内安装	室外集装箱式
安装周期	长	短
投资成本	高	低
噪声	降噪效果好	降噪效果有限
维护	维护空间大	维护空间有限

6. 柴油发电机组的接地

10kV备用柴油发电机系统中性点接地方式应根据常用电源接地方式及线路的单相接地电容电流数值确定。当常用电源采用非有效接地系统时，柴油发电机系统中性点接地宜采用不接地系统。当常用电源采用有效接地系统时，柴油发电机系统中性点接地可采用不接地系统，也可采用低电阻接地系统。当柴油发电机系统中性点接地采用不接地系统时，应设置接地故障报警。当多台柴油发电机组并列运行，且采用低电阻接地系统时，可采用其中一台机组接地方式。

1kV及以下备用柴油发电机系统中性点接地方式宜与低压配电系统接地方式一致。多台柴油发电机组并列运行，且低压配电系统中性点直接接地时，多台机组的中性点可经电抗器接地，也可采用其中一台机组接地方式。

3.2 不间断电源（UPS）系统

1. UPS 分类定义

根据国家标准的定义，UPS 分为后备式 UPS、互动式 UPS、双变换在线式 UPS，数据中心主流应用双变换在线式 UPS。

双变换在线式 UPS（见图 3-2-1）指交流输入正常时，通过整流、逆变装置对负荷供电；交流输入异常时，电池通过逆变器对负荷供电。

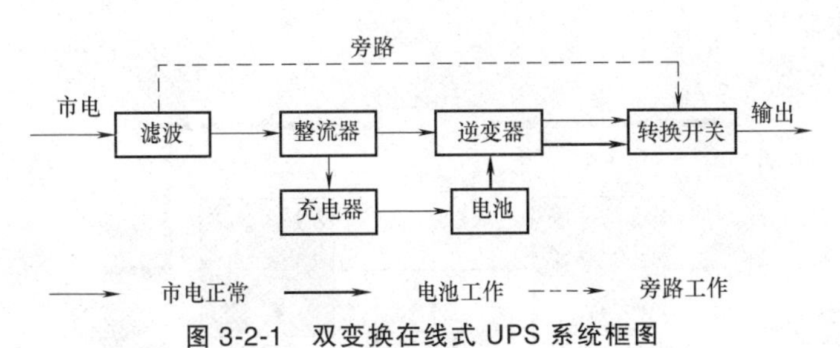

图 3-2-1　双变换在线式 UPS 系统框图

2. UPS 运行模式

（1）双变换运行模式-逆变器优先模式（见图 3-2-2）

UPS 通过市电为所连接的负载供电。UPS 将市电转换成高品质的稳定电源给负荷供电，同时对电池进行充电（浮充或均充）。

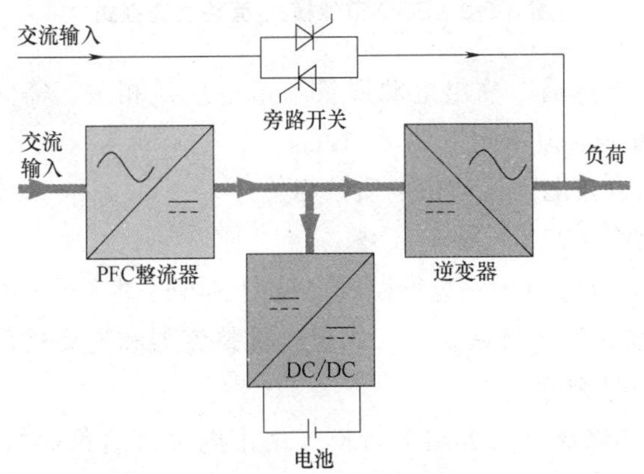

图 3-2-2　双变换运行模式-逆变器优先模式

1）输出电能质量：380（1±1%）V，切换时间为0ms。

2）输入性能指标：电流谐波总畸变率THDi<3%，功率因数PF>0.99。

3）实际效率：88%~97%，不同的负荷率、不同的逆变技术，效率有所不同。

（2）ECO节能模式-旁路优先模式（见图3-2-3）

在ECO模式下，UPS被配置为使用静态旁路模式作为预定义环境下的首选运行模式。在ECO模式下，逆变器处于待机状态，当市电供电发生中断时，UPS会切换至电池运行模式且负荷会由逆变器供电。

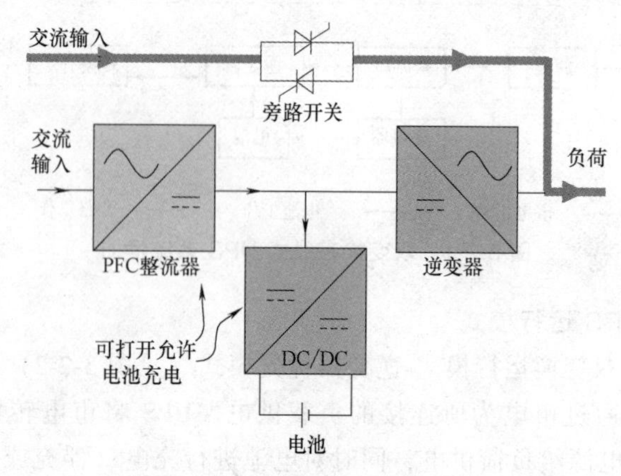

图3-2-3　ECO节能模式-旁路优先模式

1）市电直通，输出电源质量与市电质量相关，需防范尖峰、浪涌威胁负荷，切换时间为8~12ms。

2）输入性能指标与市电质量相关。

3）效率：98%~99%。

（3）超级旁路优先运行模式（见图3-2-4）

在线双变换运行模式下，能量经过整流器和逆变器两次100%变换，转换损耗大。

普通的ECO经济旁路运行模式由市电直接给负荷供电，效率提高到了99%，但是市电电网故障千变万化，该模式并不能100%

保证从旁路模式切换到逆变器模式，当切换时间超过 IT 设备能够承受的范围时，就会造成 IT 设备重启，降低 UPS 可用性。

超级旁路优先运行模式原理如下：

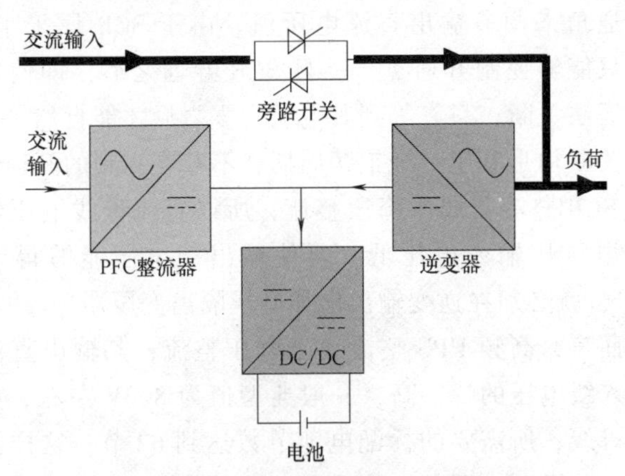

图 3-2-4 超级旁路优先运行模式

1）供电质量：380（1±6%）V，切换时间为 0ms，高可用性。

2）输入性能指标：THDi<3%，PF>0.99。

3）效率高达 98%~99%。

超级旁路优先运行模式最大的优点在于逆变器仅进行了部分功率的补偿，长期处于轻载运行，因此元器件的疲劳老化轻微，寿命延长，系统可用性提高，效率高达 99%，满足用户高可用性、高效率、高性能指标参数的要求。

3. UPS 工频机和高频机的比较分析

（1）工频机和高频机的原理分析

工频机和高频机是按 UPS 的设计电路工作频率来区分的。工频机是以传统的模拟电路原理设计，由晶闸管（SCR）整流器、绝缘栅型晶体管（IGBT）逆变器、旁路和工频升压隔离变压器组成。因其整流器和变压器工作频率均为工频 50Hz，所以叫工频 UPS。高频机通常由 IGBT 高频整流器、电池变换器、逆变器和旁路组成。IGBT 可以通过控制加在门极的驱动来控制其开通与关断，IGBT 整流器开关频率通常大于或等于 20kHz，远远高于工频机，因此称为高频UPS。

在工频UPS电路中，主路三相交流输入经过换相电感接到3个SCR桥臂组成的整流器之后变换成直流电压。通过控制整流桥SCR的导通角来调节输出直流电压值。由于SCR属于半控器件，控制系统只能够控制开通点，一旦SCR导通之后，即使门极驱动撤销，也无法关断，只有等到其电流为零之后才能自然关断，所以其开通和关断均是基于一个工频周期，不存在高频的开通和关断控制。由于SCR整流器属于降压整流，所以直流母线电压经逆变输出的交流电压比输入电压低，要使输出相电压能够得到恒定的220V电压，就必须在逆变输出增加升压隔离变压器。

相比而言，高频UPS整流属于升压整流，其输出直流母线的电压比输入线电压的峰值高，一般典型值为800V左右，如果电池直接挂接母线，所需要的标配电池节数达到67节，这样给实际应用带来极大的限制。因此一般高频UPS会单独配置一个电池变换器，市电正常的时候，电池变换器把800V的母线电压降压到电池组电压；市电故障或超限时，电池变换器把电池组电压升压到800V的母线电压。由于高频机母线电压为800V左右，所以逆变器输出相电压可以直接达到220V，逆变器之后就不再需要升压变压器。因此，隔离变压器是工频机与高频机在组成上的主要区别。

（2）高频机UPS与工频机UPS的现状

经过多年发展，高频结构UPS技术已经成熟，可靠性也没有问题。而工频机由于体积大、重量大、效率没有继续提升空间，逐渐退出了市场。

（3）高频UPS多电平逆变器技术分析

传统的三相UPS（高频机、工频机）大都采用的是两电平逆变器的技术。以常见的高频机来说，高频机两电平逆变器架构中，其功率器件IGBT的承压就是直流母线电压800~900V，只能挑选耐压值为1200V甚至1500V的IGBT功率器件。而耐压值越高的功率器件，其失效率越高。因此为了提高逆变器的可能性，必须降低功率器件的承压。

三电平逆变器通过增加功率器件串联来分担高频机的直流母线

电压，使得每一只器件的承压降低到400~450V，这样就可以选择600V或者800V耐压的功率器件，从而提高可用性。

四电平逆变器能够使功率器件的承压降低到直流母线电压的1/3，即266~300V，例如Galaxy VX系列。因此可以采用500V或者600V耐压的功率器件，使得逆变器的可用性得到进一步的提高。从效率的角度来讲，三种技术的效率分别为94.5%、96%、96.5%。

最新的平衡考虑的技术是用混合型架构的三电平逆变器技术，例如Galaxy VS、VL系列。该架构增加了一个零电压开关的控制环节，使得IGBT的开关损耗减少了50%，逆变器效率达到了97.5%，同时功率器件的数量也降低到了24个。

多电平逆变器的缺点在于其增加了功率器件的数量，这使得制造成本提高，理论上故障率也会相应提高。

4. 模块化UPS相较于传统UPS的对比

从设计的原理方面来说，模块化UPS的技术本质就是多台小功率UPS的并联，就是$N+X$的并机系统。模块化UPS最大的优点就是能够提高系统的可靠性和可用性，一个模块出现故障时，并不会影响其他模块的正常工作，其可热插拔性能大大缩短系统的安装和修复的时间。可见，模块化UPS的系统结构极具弹性，功率模块的设计概念是在系统运行时可以随意移除和安装，但是却不会影响系统的运行以及输出，使投资规划能够实现“随需扩展”，让用户随业务的发展实现“动态成长”，既满足了后期设备的随需扩展，又降低了初期购置成本。当用户负荷需要增加时，只需要根据规划阶段性的增加功率模块。

1）安装简便，扩容方便，节约投资成本。

2）采用模块化结构，可以方便地进行安装和扩容，只需要增加模块就可以了。在信息机房供电系统建设的初期，会对UPS的容量需求产生错误、过低或者过高的估计，而模块化的UPS通过扩容结构可以有效地解决这一问题。

3）维修方便，可在线处理，可用性高。传统的UPS在出现故障的情况下，都需要专业的技术人员，但模块化UPS只要有备用模块，用户也可以进行简单的维护。有的故障可以拔下故障模块，换上备用模块，整个过程只需要几分钟，就能让 UPS 恢复正常使用。

4）模块化 UPS 的并联冗余，运行稳定，并且可靠性高。在模块化 UPS 中，功率模块部分是并联冗余的，即功率部分是由很多模块并联在一起，它们不分主从，互不依赖，并且均分负荷。每个模块都配有输入输出继电器，即使有一个模块发生故障，也可以自己退出整个系统，而不影响整个系统的工作。在模块化 UPS 系统中，用户只需要购买相应的功率模块，即可实现 $N+X$ 故障冗余，因此相对于传统 UPS 的 $N+1$ 模式，容错率大大提高。

5. 模块化 UPS 存在的缺陷

1）UPS 并联模块较多，其可靠性随着并联模块数增加而下降；模块越多，意味着控制单元越多、故障点越多的后果。

2）交流不同于直流，不仅需要各模块输出交流的幅值同步，还需要快速、准确的均流控制和输出频率电压相位同步控制，而控制对象的增多必然导致整个系统可靠性的下降。模块化 UPS 需要交流同步的控制也更加复杂。

3）环流和安全维护问题：模块化 UPS 维护在进行热插拔时，由于各个模块内阻的差异，易在各模块间产生环流，这些环流导致用户负荷宕机的情况时有发生。

4）承重问题：不断增加功率模块扩容的方式将大大增加对机房楼板的承载要求，使用户在使用时要考虑是否对整个机房楼板的承重造成影响。

5）维护成本高：模块化 UPS 系统由于设计上的局限，只能进行整个功率模块的更换，这无疑提高了用户的维修成本和使用成本。

6. UPS 供电方案

UPS 应用中，通常有单机供电方案、并机供电方案、双汇流排（2N）供电方案。

（1）单机供电方案

单机供电方案就是单台 UPS 输出直接承担 100%负荷的 UPS 供

电系统，这是UPS供电方案中结构最简单的一种。

优点：结构简单、经济性好，系统仅由一台UPS主机和电池系统组成。

缺点：不能解决由于UPS自身故障所带来的负荷断电问题，供电可靠性较低，一般仅使用于小型网络、单独服务器和办公区等重要程度较低的场合。

（2）并机供电方案

并机供电方案是由两台或多台同品牌、同型号与同功率的UPS，在输出端并联在一起而构成的UPS冗余供电系统。通过并机通信及控制功能，该系统在正常情况下，所有UPS输出实现严格的锁相同步（同电压、同频率、同相位），各台UPS的逆变器均分负荷；当其中一台UPS故障时，该台UPS从并联系统中自动脱机退出，剩下的UPS继续保持锁相同步并重新均分全部负荷。

优点：

1）根据负荷对可靠性的不同要求，可以实现$N+1$（N台工作，1台冗余）或者$M+N$（M台工作，N台冗余）的冗余配置，可以实现更高和更灵活的冗余度配置。

2）并机供电方案中的故障脱机对负荷供电是无间断的，提高了供电可靠性。

3）并机供电方案可以通过增加并机UPS的台数实现系统的扩容，也可以有计划地退出并机的UPS并进行维护，可维护性大幅度提高。

缺点：

1）并机供电方案中所有UPS的输出必须严格保持锁相同步，技术复杂度较高。

2）并机板、通信线故障和并机信号可能受到外部干扰等，可能导致并机系统故障。

直接并机包括分散静态旁路并机和公共静态旁路并机两种方案。

（3）双汇流排供电方案（$2N$或双母线）

尽管并机供电方案可以提高UPS自身故障时的供电可靠性，

但是随着数据中心负荷规模的扩大和重要性的不断提高，这种单系统供电方案存在的固有故障风险，如输出汇流排或支路短路、开关跳闸、熔体熔断、UPS 冗余并机宕机等极端故障情况，仍然威胁着数据中心重要负荷的供电安全。

为保证机房 UPS 供电系统的可靠性，以两套独立的 UPS 系统构成的 2*N* 或 2（*N*+1）系统开始在大中型数据中心得到了规模化的应用。

与单机、并机供电方案相比，此方案优点是显而易见的，它可以在一条汇流排完全故障或检修的情况下，无间断地继续保证双电源负荷的正常供电，在提高供电可靠性和“容错”等级的同时，为在线维护、在线扩容、在线改造与升级带来了极大的便利。

缺点是需要两套 UPS 系统，电源系统的投资成本成倍增加。

系统正常时，所有的双电源负荷的两个输入，通过列头柜直接接入两套 UPS 系统的输出汇流排，由两套 UPS 系统均分承担所有的负荷，单电源负荷则通过 STS 接入两套 UPS 系统的输出汇流排。系统正常时，两套 UPS 系统应该各自带 50% 的负荷。当 2*N* 或 2（*N*+1）系统中的任意一台 UPS 故障时，负荷仍然维持初始的双汇流排供电系统不变，但是当其中一条汇流排系统出现断电事故或需要维护检修时，双电源负荷将由余下的一条汇流排供电，不受影响的汇流排继续工作，而单电源负荷则会通过 STS 切换到余下正常的输出汇流排上继续工作。

7. 锂电池和铅酸电池应用

锂电池和铅酸电池之间的主要差异在于电极和电解质中所采用的材料化学组成。大多数锂电池使用金属氧化物作为阴极以及碳基材料作为阳极，电解质溶液为在有机溶剂中溶解的锂盐。铅酸电池包括作为阴极的二氧化铅、铅阳极和硫酸形式的电解质。

（1）锂电池对于阀控铅酸蓄电池的优势与劣势

优势如下：

1）UPS 使用寿命内电池更换次数较少，从而消除电池更换造成的宕机风险。

2）同等能量下，重量为铅酸蓄电池的 1/4。

3）放电次数是铅酸蓄电池的 10 倍，取决于化学成分、技术、温度和放电深度。

4）自放电率约为铅酸蓄电池的 1/5（即，不使用时电池放电迟缓）。

5）在多种主要断电场景中，充电速度提高 4 倍以上。

劣势如下：

1）由于较高的制造成本加之必要的电池管理系统成本，投资成本为等能量铅酸蓄电池的 2~3 倍。

2）运输法规更严格。

（2）锂电池的处境

目前锂电池在 UPS 市场的渗透率还不到 5%，这和液冷类似，最大的问题不在技术，而在于标准和生态，还有安全和成本等。

2020 年国内 UPS 锂电池主流的磷酸铁锂电池均价为（0.65~0.75）元/W·h，高倍率型号比常规的电池高（0.2~0.3）元/W·h，部分高端型号电池均价能达到 1.5 元/W·h。对比铅酸电池，国内一线品牌为（0.2~0.25）元/W·h，进口一线品牌为（0.35~0.45）元/W·h。目前最大的阻力是锂电池尚不具备成本优势，且应用标准不统一，导致普及成本高。

锂电池在企业数据中心案例还不多见，且运行时间较短，风险未知。锂电宣传寿命长于铅酸电池，但监管部门尚未放松要求，若达到监管要求更换的年限还未见新规，锂电长寿命优势就无法体现。

8. 高压直流（HVDC）系统

（1）HVDC 系统的电压等级

直流 UPS 按照输出电压的不同大致可以分为 48V、240V 和 380V。目前国内共有两种 HVDC 制式，电信标准输出 DC 240V 额定电压，移动标准输出 DC 336V 额定电压。因为 DC 240V 在经过大部分服务器电源（电信认为超过 96%）的整流桥后可以直接使用，所以目前在互联网企业中应用较多；而 DC 336V 的 HVDC 需要采用定制服务器，虽然效率较高，但目前应用较少。

（2）HVDC 工作路径

1）正常路径：在市电供电正常时，HVDC 经过 AC/DC 转换输出直流电（276V 或 380V）给数据设备负荷供电。

2）后备路径：在市电供电中断时，蓄电池直接给数据设备负荷供电。

3）紧急路径：无。

（3）HVDC 的特点分析（见表 3-2-1）

表 3-2-1 HVDC 的特点分析

序号	宣传的特点	分析
1	减少变化级数，整体效率更高	前文已经说明 HVDC 变换级数为 3 级，HVDC 效率高于 UPS 仅是相对于默认的 12 脉冲相控整流的工频 UPS 效率只有 90%而言，且真实测试数据并不支持这一论调
2	电池直挂在输出母线上，相当于提供另外一路备份，可靠性更高	HVDC 的蓄电池直挂母线，直接面对 IT 设备，利弊都很明显，好处是电池作为电能储备可以无缝衔接，且没有电能转换损失；风险是有统计说，数据中心电源系统的故障 90%由蓄电池系统引起，万一电池短路故障，后端 IT 设备系统没有任何缓冲，会发生电源瞬断事故
3	相对于 HVDC 可以靠蓄电池作为电源备份，UPS 系统的蓄电池电能无法直接供给负荷，必须通过逆变模块输出。如果逆变模块损坏，即使蓄电池有充足的电量，也不能供电给负荷	UPS 逆变模块损坏可以转静态旁路，而 HVDC 没有旁路设计，其 AC/DC 或 DC/DC 转换模块若是损坏，或者出现系统性故障时，由于备用电池通常配置的时间是 15min，如果在备用电池放完的时间内故障还不能修复，即使外部市电和柴油发电机正常，由于后面都是直流配电系统，无法绕过 HVDC 为负荷供电，负荷也会面临数据设备断电的风险
4	兼容现有绝大多数 IT 设备的高频开关电源，用电设备几乎不用任何更改，推广非常容易	不兼容的数据设备往往靠加逆变器解决，这种小型逆变器的供电可靠性薄弱。原设计使用 AC 的设备未经设备厂商承诺允许改用 DC 供电，存在设备厂商不予保修的风险
5	拓扑非常简单，可靠性提高	亮点在于高压直流模块并机技术没有频率和相位同步的问题，只需要负荷均分即可，因此并机非常简单可靠，系统扩容非常容易，稳定性与可靠性都相应提高

（续）

序号	宣传的特点	分　析
6	HVDC系统为模块化热插拔设计,运维非常方便	模块化UPS也能够做到,具备高可维护性,故障恢复时间大大缩短
7	HVDC系统具备模块休眠功能,根据实时负荷需求开启合适的工作模块个数,提高工作模块的负荷率,也让多余的模块处于休眠状态,从而全程工作在经济负荷率,提高效率	这也是多数IGBT整流的UPS(尤其是模块化UPS)多年来宣传的技术特点,但无论HVDC或UPS,ECO和模块休眠到唤醒都是设备一个状态到另一个状态的改变,其中必然存在风险,也许在冗余架构被掩盖了,但也是存在的。运维人员不愿意承担这种风险,也是多年来模块休眠技术一直推广不开的原因

另外，相对于交流供电，HVDC将降低数据中心的安全性。实验表明，交流服务器输入端的拨动开关、交流电源分配单元（PDU）如果直接采用直流供电，在分断电流时将出现拉弧、烧毁或燃烧等现象的概率会显著提高。

（4）HVDC系统总结

若干应用了HVDC系统的数据中心之所以节能效果显著，主要采用了以下方法：

1）市电+HVDC混合使用。

2）HVDC模块休眠，以保证最大经济负荷率。

3）通过技术手段定制IT设备电源模块，使得设备优先使用市电，HVDC回路保持有压无流状态，以提高系统效率。

以上这些方法在用户方有能力实现IT层面冗余的条件下问题不明显，对于其他用户就可能不易实现，一路市电主供+一路休眠，电源瞬态闪断和谐波治理都是问题；市电直供没有电源质量可言，业内人士也提到电网的稳定性是要综合考虑的因素，在局部地区电网不稳定、闪断频率较高的情况下，不建议采用市电+HVDC的方案。

采用市电+HVDC直供时，对市电要求提高，市电直接供电的电源质量应满足电子信息设备正常运行的要求，即服务器能承受市电波动带来的影响。

HVDC 技术在数据中心的大规模应用是一个系统工程，涉及后端用电设备、技术标准、产业链保障等方面的问题，如果能够实现 IT 设备的电源模块定制，省略设备的 AC/DC 转换环节，那么此时再采用与传统 UPS 效率相仿的 HVDC，则可以提高系统整体效率，这时候的 HVDC 系统才真正显出节能效果。

第4章　电力配电系统

4.1　电力设备选型

数据中心中电力设备种类类型较多，本节主要针对变压器、高压开关及成套开关柜、低压开关及成套开关柜、ATSE、变频器等主要设备选型进行简要介绍。

1. 电力变压器

（1）变压器冷却方式（见表4-1-1）。

表4-1-1　变压器冷却方式

冷却介质类型及循环种类	字母代号
空气	A
自然循环	N
强迫循环	F

（2）变压器绝缘等级

数据中心常用变压器绝缘等级按照国家标准《电气绝缘　耐热性和表示方法》（GB/T 11021—2014）分为F级和H级绝缘，各绝缘等级具体允许温升标准详见表4-1-2。

（3）10kV配电变压器空载损耗和负载损耗限值

按照国家标准《电力变压器能效限定值及能效等级》（GB 20052—2020），10kV配电变压器空载损耗和负载损耗限值均应不高于表4-1-3的规定。

表 4-1-2　变压器各绝缘等级对应允许的温升标准

（单位：℃）

绝缘等级	F	H
最高允许温度	155	180
绕组温升限值	100	125
性能参考温度	120	145

（4）配电变压器选择

1）配电变压器选择应根据建筑物的性质、负荷情况和环境条件确定，并应选用低损耗、低噪声的节能型变压器。数据中心变压器的容量和数量应根据负荷情况，综合考虑投资和年运行费用，合理选择和配置，使其经常性负荷工作在高效低耗区间内，同时要求变压器应具备短时间维持所有重要负荷正常运行的能力。当用电设备容量较大、技术经济合理、运行安全可靠、满足当地供电相关部门要求时，可采用 2500kVA 变压器。

2）配电变压器的长期工作负荷率不宜大于 85%；当有一级和二级负荷时，宜装设两台及以上变压器，当一台变压器停运时，其余变压器容量应满足一级和二级负荷用电要求。

3）数据中心专用变压器应根据系统的构架相应地控制其正常运行时的负荷率，通常当变压器为单 N 配置时，其长期工作负荷率建议控制在 60%~80%；当变压器为 $2N$ 配置时，其长期工作负荷率建议控制在 35%~45%；当变压器为 $N+1$ 配置（$N=2$）时，其长期工作负荷率建议控制在 45%~60%。

4）设置在民用建筑内的变压器，应选择干式变压器、气体绝缘变压器或非可燃性液体绝缘变压器。数据中心应由专用配电变压器或专用回路供电，变压器选型应满足国家及地方节能规范要求，应优先采用干式变压器，变压器宜靠近负荷布置，能效等级应不低于 GB 20052—2020 中的能效二级标准，在经济条件允许条件下优先选用一级能效产品，以降低数据中心供配电系统损耗。

5）对于数据中心负荷率较低的条件下，虽然非晶合金干式变压器的节能效率比普通的硅钢片变压器更具优势，但因其初期投资

表 4-1-3 10kV 干式三相双绕组无励磁调压配电变压器能效等级

额定容量/kVA	1级								2级			
	电工钢带				非晶合金				电工钢带			
	空载损耗/W	负载损耗/W			空载损耗/W	负载损耗/W			空载损耗/W	负载损耗/W		
		B（100℃）	F（120℃）	H（145℃）		B（100℃）	F（120℃）	H（145℃）		B（100℃）	F（120℃）	H（145℃）
30	105	605	640	685	50	605	640	685	130	605	640	685
50	155	845	900	965	60	845	900	965	185	845	900	965
80	210	1160	1240	1330	85	1160	1240	1330	250	1160	1240	1330
100	230	1330	1415	1520	90	1330	1415	1520	270	1330	1415	1520
125	270	1565	1665	1780	105	1565	1665	1780	320	1565	1665	1780
160	310	1800	1915	2050	120	1800	1915	2050	365	1800	1915	2050
200	360	2135	2275	2440	140	2135	2275	2440	420	2135	2275	2440
250	415	2330	2485	2665	160	2330	2485	2665	490	2330	2485	2665
315	510	2945	3125	3355	195	2945	3125	3355	600	2945	3125	3355
400	570	3375	3590	3850	215	3375	3590	3850	665	3375	3590	3850
500	670	4130	4390	4705	250	4130	4390	4705	790	4130	4390	4705
630	775	4975	5290	5660	295	4975	5290	5660	910	4975	5290	5660
630	750	5050	5365	5760	290	5050	5365	5760	885	5050	5365	5760
800	875	5895	6265	6715	335	5895	6265	6715	1035	5895	6265	6715
1000	1020	6885	7315	7885	385	6885	7315	7885	1205	6885	7315	7885
1250	1205	8190	8720	9335	455	8190	8720	9335	1420	8190	8720	9335
1600	1415	9945	10555	11320	530	9945	10555	11320	1665	9945	10555	11320
2000	1760	12240	13005	14005	700	12240	13005	14005	2075	12240	13005	14005
2500	2080	14535	15445	16605	840	14535	15445	16605	2450	14535	15445	16605

（续）

额定容量/kVA	2级				3级								短路阻抗（%）
	非晶合金				电工钢带				非晶合金				
	空载损耗/W	负载损耗/W			空载损耗/W	负载损耗/W			空载损耗/W	负载损耗/W			
		B（100℃）	F（120℃）	H（145℃）		B（100℃）	F（120℃）	H（145℃）		B（100℃）	F（120℃）	H（145℃）	
30	60	605	640	685	150	670	710	760	70	670	710	760	4.0
50	75	845	900	965	215	940	1000	1070	90	940	1000	1070	
80	100	1160	1240	1330	295	1290	1380	1480	120	1290	1380	1480	
100	110	1330	1415	1520	320	1480	1570	1690	130	1480	1570	1690	
125	130	1565	1665	1780	375	1740	1850	1980	150	1740	1850	1980	
160	145	1800	1915	2050	430	2000	2130	2280	170	2000	2130	2280	
200	170	2135	2275	2440	495	2370	2530	2710	200	2370	2530	2710	
250	195	2330	2485	2665	575	2590	2760	2960	230	2590	2760	2960	
315	235	2945	3125	3355	705	3270	3470	3730	280	3270	3470	3730	
400	265	3375	3590	3850	785	3750	3990	4280	310	3750	3990	4280	
500	305	4130	4890	4705	930	4590	4880	5230	360	4590	4880	5230	
630	360	4975	5290	5660	1070	5530	5880	6290	420	5530	5880	6290	
630	350	5050	5365	5760	1040	5610	5960	6400	410	5610	5960	6400	6.0
800	410	5895	6265	6715	1215	6550	6960	7460	480	6550	6960	7460	
1000	470	6885	7315	7885	1415	7650	8130	8760	550	7650	8130	8760	
1250	550	8190	8720	9335	1670	9100	9690	10370	650	9100	9690	10370	
1600	645	9945	10555	11320	1960	11050	11730	12580	760	11050	11730	12580	
2000	850	12240	13005	14005	2440	13600	14450	15560	1000	13600	14450	15560	
2500	1020	14535	15445	16605	2880	16150	17170	18450	1200	16150	17170	18450	

费用较普通的硅钢片变压器高出30%~50%，且因非晶合金变压器的线圈或铁心发生损坏后维修难度大、耗时长，将严重影响数据中心的可用性指标，同时非晶态合金变压器铁心受材料性质影响，比较娇贵，运输途中容易发生损坏，且损坏后的修复成本比较高，因此非晶合金变压器在现有的数据中心运用案例较少。

6）数据中心供配电系统中，配电变压器宜选用Dynll联结组别的变压器。

7）当系统需要利用变压器的过负荷能力来满足故障时的短时过负荷要求，变压器应选用带强迫风冷的冷却方式（AN/AF），变压器的绝缘等级应选用F级以上，在经济条件允许的情况下优先考虑H级以满足系统可靠性要求。

8）变压器应配置温控器，温控器应具备风机自动控制、高温报警超高温跳闸、温度显示等温度控制系统功能，应具有RS232C、可输出4~20mA模拟信号的通信接口。

9）为实现未来数据中心数字化物联网运维，建议优先考虑采用智能干式变压器。随着物联网、“互联网+”、云服务等技术的发展，施耐德、ABB等厂商纷纷推出智能干式变压器，以传感器技术、无线通信技术、嵌入式系统打通变压器的感官系统，实现数据中心变压器的实时在线监测，变被动性运行维护为主动性运行维护，实现提前预警，提高电源系统的可靠性和可用性。

2. 高压开关及高压开关柜

（1）高压开关柜分类

1）高压开关柜按绝缘介质可分为空气绝缘金属封闭开关柜和SF_6气体绝缘金属封闭开关柜（充气柜）、固体绝缘金属封闭开关柜；按使用场所可分为户内、户外。

2）按结构类型可分为金属封闭铠装式高压开关柜、金属封闭间隔式高压开关柜、金属封闭箱式高压开关柜和半封闭式高压开关柜。

（2）高压开关设备选型

1）高压开关电器设备应按系统的额定电压、额定电流、额定频率、额定开断电流、短路动稳定、短路热稳定、绝缘水平、环境条件等参数进行校验。高压交流断路器、高压交流负荷开关、高压交流隔离开关、高压交流熔断器等开关设备需要校验的项目详见表 4-1-4。

表 4-1-4　开关设备的选择及其校验项目

开关电器设备名称	额定电压	额定电流	额定开断电流	短路电流校验		绝缘水平	环境条件
				动稳定	热稳定		
高压交流断路器	√	√	√	√	√	√	√
高压交流负荷开关	√	√	√	√	√	√	√
高压交流隔离开关	√	√		√	√	√	√
高压交流熔断器	√	√	√			√	√

2）选用的高压电器及开关设备的额定电压应符合所在回路的系统标称电压，最高电压不应小于所在回路系统最高电压，见表 4-1-5。高压交流金属封闭开关设备的额定电压均应为系统的最高电压上限值。

表 4-1-5　高压电器系统标称电压及其最高电压

（单位：kV）

系统标称电压	3(3.3)	6	10	20	35
设备最高电压	3.6	7.2	12	24	40.5

3）高压电器及导体的额定电流不应小于该回路的最大持续工作电流，最大持续工作电流应考虑系统应急运行状态时的最不利运行电流，包括线路损耗与事故时转移过来的负荷。

4）高压交流断路器的额定短路开断电流，包括开断短路电流的交流分量方均根值和开断直流分量百分比两部分。当短路电流中直流分量不超过交流分量幅值的 20%时，可只按开断短路电流的交流分量方均根值选择断路器；当短路电流中直流分量超过交流分量幅值的 20%时，应分别按额定短路开断电流的交流分量方均根值和开断直流分量百分比选择。

5）高压交流负荷开关开断能力应按切断最大可能的过负荷电流来校验；高压交流熔断器按开断电流选择时，熔断器的开断电流应大于回路中可能出现的最大预期短路电流交流分量方均根值。

6）电压互感器、电流互感器等电能计量装置应满足《电能计量装置技术管理规程》（DL/T 448—2016）的规定，具体要求可详见表 4-1-6。

表 4-1-6　电压互感器、电流互感器的准确度等级

电能计量装置类别	准确度等级			
	电力互感器		电能表	
	电压互感器	电流互感器	有功	无功
Ⅰ	0.2	0.2S	0.2S	2
Ⅱ	0.2	0.2S	0.5S	2
Ⅲ	0.5	0.5S	0.5S	2
Ⅳ	0.5	0.5S	1	2
Ⅴ	—	0.5S	2	—

注：发电机出口可选用非 S 级电流互感器。

7）互感器的接线方式：计量用电流互感器接线方式的选择，与电网中性点的接地方式有关。当为非有效接地系统时，应采用两相电流互感器；当为有效接地系统时，应采用三相电流互感器。通常作为计费用的电能计量装置的电流互感器应采用分相接线（即采用二相四线或三相六线的接线方式）。

（3）智慧中压断路器和智慧中压开关柜

随着数据中心规模的变化及物联网、“互联网+”、云服务等技术的发展，为服务各数据中心保障大型数据中心电力系统的连续性和可靠性，提高数据中心运维安全性及运维效率，实现数据中心泛在物联的远程管理，降低系统运行损耗，各高压开关设备供应商均纷纷推出新一代智慧中压断路器和智慧中压开关柜，如施耐德的新一代智能中压断路器 Smart HVX 及 Smart PIX 智能中压空气绝缘开关柜、ABB 的智慧中压断路器 iVD4 及智慧 UniGear 中压开关柜、常熟开关的 CV1/2-12 等。

智慧中压断路器就是在传统中压断路器的基础上，配装了温度智能监测、配电柜智能监测和断路器状态智能监测，以及全面的后台诊断分析系统的断路器。

智慧中压断路器和智慧中压开关柜通常采用嵌入式人工智能技术有机集成和融合多种智能组件和数字化功能，从而实现以下功能：

1）可视化监控：实时采集配电网及其设备运行数据以及电能质量、故障停电等数据，为运维人员提供高级可视化电网监控界面。

2）信息化管理：将配电网实时运行与离线管理数据高度融合，深度集成，实现配电管理与设用电管理的信息化。

3）安全保障：符合国际网络安全标准，为所有的数据访问和控制操作提供安全措施，并能够有效抵御自然灾害与外力破坏的影响。

4）更强的自愈能力：能够及时检测出已发生或正在发生的瞬间断电等故障，并进行相应的故障隔离，使其不影响用户的正常供电或将其影响降至最小。

5）优化电能效率：基于实时精准数据实现峰值负荷管理，并采用历史大数据精确预测。

6）更高的资产绩效：通过完善的实时监控提高系统容量利用率，减少一次设备投资，通过优化潮流分布减少线损提高运行效率，在线监测并诊断设备运行状态，实施状态检修，延长设备使用寿命。

当然，以上功能均需要智慧中压断路器和智慧中压开关柜基于各自的物联网数字化系统管理平台。

3. 低压开关及低压开关柜

(1) 低压断路器

数据中心在选择低压断路器需遵循以下几点原则：

1）断路器额定工作电压应大于或等于线路、设备的正常工作电压，其额定频率应符合所在回路的标称频率。在数据中心需特别注意有些交直流两用的断路器用于直流系统中，选择断路器时需注意交、直流两用断路器在各自系统中的额定电压等级要求，确保系统可靠运行。

2）断路器脱扣器整定电流应大于或等于线路的最大负荷电流，通常按照最大负荷电流的1.15~1.2倍选取。另外，断路器还需要考虑在不同环境温度和安装方式下的降容问题等其他因素。

3）断路器短路短延时电流整定值（定时限过电流脱扣器整定电流）应躲过配电回路短时出现的负荷尖峰电流，通常考虑可靠系数1.2，即断路器短路短延时电流整定值应大于或等于1.2倍的负荷尖峰电流，确保断路器脱扣器的脱扣曲线可以包含负荷最大起动电流的峰值。配电回路短时出现的负荷尖峰电流通常取最大一台设备的起动电流与其余所有设备正常运行的计算电流之和。其中数据中心中服务器设备的起动冲击电流可达到额定电流的5~8倍，若断路器选择不当，断路器有可能因冲击电流而引起误动作，造成不必要的损失。另外，电动机保护用断路器应选用电动机专用保护型断路器。

4）断路器的分断能力应大于或等于电路最大短路电流，即断路器的额定通断能力 I_{CU} 应大于或等于电路最大短路电流。

5）为保证低压配电系统的可靠性，低压断路器的选择性已成为低压配电系统设计的重要要求。

6）在数据中心中，部分设备因电磁兼容性（EMC）的需求在相线对地、N线对地之间增加电容，其正常运行时会有较大的剩余电流的存在，如一台UPS正常剩余电流可达1~2A，一台IT设备正常剩余电流也可能达到数毫安，因此一般不建议在UPS输入端和IT设备输入端配置剩余电流断路器，以防止误动作而造成不必要的损失。

（2）低压隔离电器

1）定义及种类。低压隔离电器指在断开状态下能符合规定的隔离功能要求的机械开关电器，满足距离、泄漏电流的要求，以及断开位置指示可靠性和加锁等附加要求；它能承载正常电路条件下的电流和一定时间内非正常电路条件下的电流（短路电流）。

低压隔离器主要包括隔离开关、刀开关、负荷开关、刀熔开关，各自的使用功能如下：

① 隔离开关指在断开状态下能符合低压隔离器的隔离要求的

开关。一般属于无负荷通断电器，但有一定的载流能力。

② 刀开关指主要用于供无负荷通断电路且满足隔离功能的隔离电器。

③ 负荷开关指隔离开关经增加灭弧和耐受能力等结构变化后，可作为开断小容量过负荷电流使用隔离电器。

④ 刀熔开关是指将负荷开关和熔断器串联组合成一个单元，具有隔离和故障保护功能的隔离电器，其在一定的范围内可替代低压断路器。

2）低压隔离电器选用。低压隔离电器的额定电压应大于或等于线路或电气设备的额定电压；额定电流应大于或等于线路或电气设备的额定电流。当用于控制电动机时，其额定电流一般取电动机额定电流的 1.5~2.5 倍。

应根据电气控制电路中的实际需要，确定组合开关接线方式，正确选择符合接线要求的低压隔离开关规格。

（3）保护电器的级间选择性保护配合

1）选择性保护的定义。选择性保护可以分为全选择性保护和局部选择性保护，其中，全选择性指在上下级关系的两台串联的过电流保护装置的情况下，下级负荷侧的保护装置实行保护时而不导致上级保护装置动作的过电流选择性保护；局部选择性指在上下级关系的两台串联的过电流保护装置的情况下，下级负荷侧的保护装置在一个给定的过电流值及以下实行保护时而不导致上级保护装置动作的过电流选择性保护。

2）如何实现保护电器的级间选择性保护。低压断路器按其保护性能可分为选择性和非选择性两类。其中选择性低压断路器是指断路器具有过负荷长延时、短路短延时和短路瞬时动作的三段保护特性。绝大部分框架式断路器和部分塑壳断路器（如电子脱扣器）就属于选择性断路器，其具备有二段、三段、四段保护等可选保护功能。非选择性低压断路器是指只具有过负荷长延时、短路瞬时动作的二段保护特性。微型断路器和部分塑壳断路器（热磁、电磁）就属于非选择性断路器。

保护电器的级间选择性保护配合需根据上下级保护电器不同进

行分析，下面针对不同的组合方式进行简要介绍：

① 上级非选择型断路器+下级非选择型断路器。只有短路电流值介于上、下级断路器瞬时整定值之间时才有选择性，其他情况不能保证选择性，不推荐采用。

② 上级选择型断路器 A+下级非选择型断路器 B。下级非选择型开关长延时脱扣器整定电流 I_{set1B}，非选择型开关瞬时脱扣器整定电流 $I_{set3B} \approx 10I_{set1B}$，上级选择型开关长延时脱扣器整定电流 $I_{set1A} > I_{set1B}$，上级开关电流整定原则为上级选择型开关短延时脱扣器整定电流 $I_{set2A} \geqslant 1.3I_{set3B}$，1.3 是可靠系数；短延时的时间没有特别要求；上级选择型开关瞬时脱扣器整定电流 I_{set3A} 在满足动作灵敏性前提下，尽量整定大些。此配合具有良好的选择性。

③ 区域选择性联锁（ZSI）：新一代的智能断路器具有 ZSI 的功能，利用微电子技术使保护更完善，保证了动作灵敏性和选择性。

ZSI 功能是一种在短路或接地故障的条件下，旨在减轻故障对系统设备的影响。通过预设的保护配合来减少故障跳闸时间同时并保持选择性。ZSI 功能与短路短延时保护和接地故障保护相联系。每个短路短延时保护和接地故障保护都提供 1 个 ZSI 输入。控制单元检测到故障的时候会向上级发送一个信号并且检查从下级来的信号。如果下级有信号传来，断路器会在整个脱扣延迟时间内保持合闸。如果下级没有信号，断路器会无视脱扣延迟立即打开。

（4）低压开关柜

1）低压配电柜概述。低压配电柜将电源进线分为若干单独回路，每个回路由断路器或其他开关设备控制和保护。一台配电柜分成若干功能单元，每个单元由完全满足给定功能所需的全部电气的和机械的元器件组成，它是保障供电可靠性的重要环节。

配电柜的形式必须要完全满足应用的要求，它的设计和结构必须符合适用的标准《低压成套开关设备和控制设备　第 1 部分，总则》（GB 7251.1—2013）及实践经验。

配电柜的主要作用有：电能分配转换、无功补偿、防护人身可能的直接和间接接触的电击危险、保护设备防止免受外界环境影响。

低压配电开关柜由 3 个不同隔室组成，分别是母线室、功能单元室、出线电缆室。

低压配电开关柜根据母线室、功能单元室、出线电缆室之间的隔离关系可分为以下 3 种方式：

① Form 2b（见图 4-1-1）：母线与功能单元隔离，出线端子之间不隔离。

② Form 3b（见图 4-1-2）：功能单元之间相互隔离并与母线隔离出线端子与母线隔离，但相互之间不隔离。

③ Form 4b（见图 4-1-3）：功能单元之间相互隔离并与母线隔离出线端子与母线隔离出线端子相互之间隔离，且与本功能单元隔离。

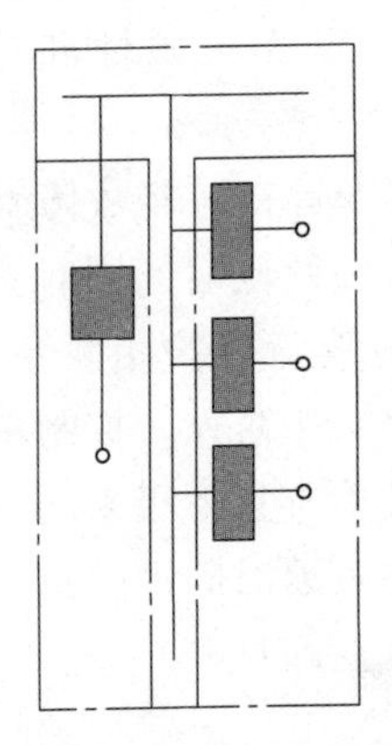

图 4-1-1　Form 2b

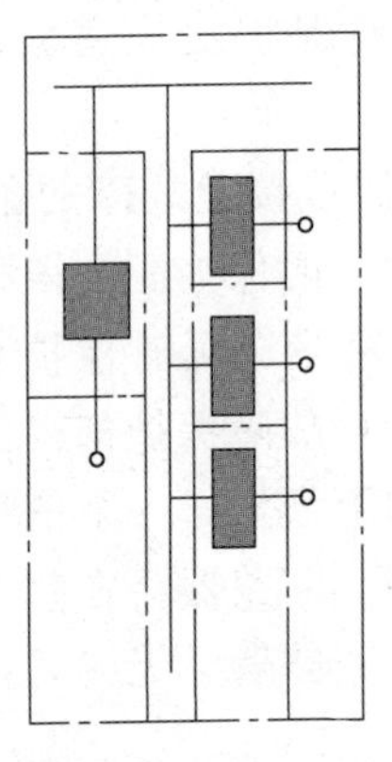

图 4-1-2　Form 3b

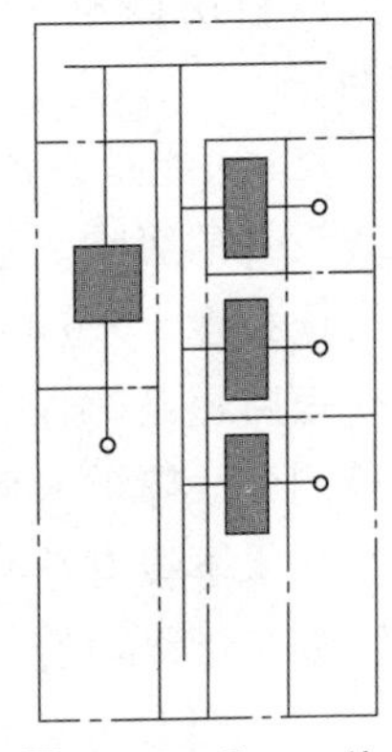

图 4-1-3　Form 4b

数据中心使用的低压配电柜分隔类型应满足 Form 3b 或 Form 4b，防止故障扩散，对可靠性及在线维护要求较高的数据中心应优先考虑采用 Form 4b。

低压配电柜的防护等级应不低于现行国家标准《外壳防护等级（IP 代码）》GB/T 4208 规定的 IP2X 级的要求，建议数据中心低压配电柜防护等级选择 IP31。

2）低压配电柜类型。低压配电柜按低压配电功能单元可分为 3 种：

① 固定式功能单元（见图 4-1-4）：这种功能单元不能与供电电源隔离，因此任何维护、改造等作业需要整个配电柜停电。

图 4-1-4 固定式功能单元

② 插入式功能单元（见图 4-1-5）：每个功能单元是安装在可插拔的底座上，并提供与进线侧隔离措施，在需要维护时，单个回路可以拔出而不需要进线回路断电，保证整体系统的供电连续性。

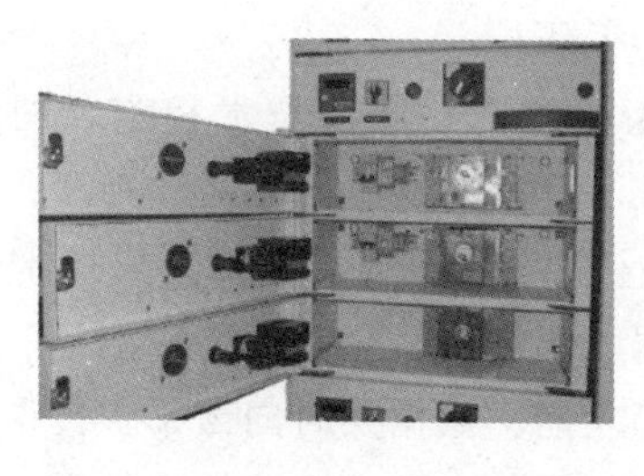

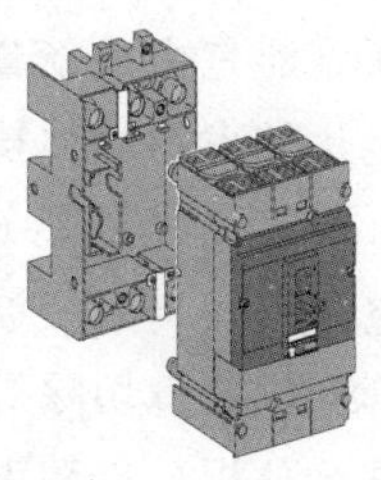

图 4-1-5 插入式功能单元

③ 抽出式功能单元（见图 4-1-6）：采用抽屉式结构，在需要维护时可整体抽屉抽出，不需要断主进线电源，保证整体系统的供电连续性。

图 4-1-6 抽出式功能单元

考虑到数据中心供电可靠性及可用性要求，实际使用中馈电回路多采用插入式或抽屉式方案。通常大于 630A 开关采用框架式断路器抽出式安装，小于或等于 630A 开关采用插入式塑壳式断路器或抽出式安装，确保在维护状态下实现快速更换且不影响相临隔室的功能单元的正常工作。

低压配电柜常见的柜型有 MNS3.0、MNS2.0、MDmax-ST、Okken、Blokset、8PT、GGD1、GGD2、GGD3、GG10、GCK、GCS、GHK、ID2000、GHD8 等，在选择柜型时需根据配电系统的参数要

求核对各种柜型的额定电压、额定电流、额定短时耐受电流、额定峰值耐受电流、外壳防护等级等参数要求，并应根据变配电所尺寸空间核对柜型外形尺寸及其操作维护方式要求，确保设备布置及操作间距满足相关规范要求。

(5) 智能断路器及智能低电柜

为服务各数据中心保障大型数据中心电力系统的连续性和可靠性，提高数据中心运维安全性及运维效率，实现数据中心泛在物联的远程管理，降低系统运行损耗，各低压开关设备供应商均纷纷推出新一代智能断路器和智能低压柜，如施耐德、ABB、常熟开关等均相应的智能断路器和智能低压柜。

智能断路器是由传统断路器与物联网技术相结合的新型断路器，其智能化技术的应用核心是集保护、测量、监控于一体的多功能脱扣器。智能断路器将通信、测量、控制和保护技术进行了融合，提供电源进线、变压器、出线及各分支回路的测量、控制、保护、通信管理、故障切除等功能，数据实时向云平台传送，对电气相关数据进行分析；自动识别故障类型，迅速做出处理，并将状态信息和处理结果通过云平台发送给管理者，实现智能台区大数据分析，为远程运维管理提供科学依据。

智慧断路器和智慧低压柜采用嵌入式人工智能技术有机集成和融合多种智能组件和数字化功能，具备多种电流、电压保护，从而实现以下功能：

1）可视化监控：实时采集配电网及其设备运行数据以及电能质量、故障停电等数据，为运维人员提供高级可视化电网监控界面。

2）信息化管理：将配电网实时运行与离线管理数据高度融合，深度集成，实现配电管理与设用电管理的信息化。

3）安全保障：符合国际网络安全标准，为所有的数据访问和控制操作提供安全措施；并能够有效抵御自然灾害与外力破坏的影响。

4）更强的自愈能力：能够及时检测出已发生或正在发生的瞬间断电等故障，并进行相应的故障隔离，使其不影响用户的正常供电或将其影响降至最小。

5）优化电能效率：基于实时精准数据实现峰值负荷管理，并采用历史大数据精确预测。

6）更高的资产绩效：通过完善的实时监控提高系统容量利用率，减少一次设备投资，通过优化潮流分布减少线损提高运行效率，在线监测并诊断设备运行状态，实施状态检修，延长设备使用寿命。

当然，以上功能均需要基于各自的物联网数字化系统管理平台。

4. ATSE

1）TSE 定义。转换开关电器（TSE）是指由一个或多个开关设备构成的电器，该电器用于从一路电源断开负荷电路并连接至另外一路电源上。

2）数据中心的 TSE 类型。在中国数据中心工作组（CDCC）编写的《数据中心供配电系统技术白皮书》中明确要求：在大容量的重要系统中，如机房输入端的市电之间切换或者市电-发电柴油机之间自动切换设备，推荐采用 PC 级的励磁式专用转换开关，在供电系统的终端一级负荷或重要的二级负荷部分、如机房照明、机房空调系统等，也建议采用 PC 级为好。

2006 年发布《自动转换开关电器（ATSE）设计应用导则》中明确指出“一级负荷建议采用 PC 级 ATSE”。

对于 IT 设备，停电时间超过 10ms 就可能宕机。

3）ATSE 定义及结构。

① 自动转换开关电器（ATSE）是指具备自行动作的转换开关电器（TSE），ATSE 通常包括所有用于监测和转换操作所必需的设备，且 ATSE 具有可选的人工操作特性。

② ATSE 的结构一般由三部分组成：开关本体、驱动及保持机构、控制器。

a. 开关本体：由主触头的结构、材料、动静触头连接方式、触头压力、同步性、超程、动触头开启速度、灭弧方式等构成。

b. 驱动及保持机构：使触头完成闭合、开启的传动机构。有三种方式，即电磁直接驱动/保持（如接触器）、励磁+连杠传动驱动/机械保持、减速电机+传动机构驱动/机械保持。

c. 控制器：用于检测电源失电压、断相、过电压、欠电压、电压波动、频率偏差，谐波、线路噪声等电源故障并根据电源故障逻辑控制驱动及保持机构进行电源切换的控制电路单元。

③ 技术先进、可靠性高的 ATSE 必须是以上三个部分都同步达到相应的水平，三个部分中任何一个部分的缺陷将会是整个 ATSE 的缺陷，因此 ATSE 的可靠性必须从以上三个方面综合判断。

④ ATSE 使用类别。《低压开关设备和控制设备　第 6-1 部分：多功能电器　转换开关电器》（GB/T 14048. 11—2016）中的表 1 规定了 ATSE 的标准使用类别，表 2、表 8 和表 9 中明确规定了验证接通与分断能力要求和电气与机械操作性能要求的条件。由此可见对于 ATSE，主要考核指标是额定接通与分断能力要求和电气与机械操作性能要求，这也是 ATSE 选型的主要依据。

ATSE 的标准使用类别详见表 4-1-7。

表 4-1-7　ATSE 的使用类别及其对应的负荷性质

电流性质	使用类别		典型用途
	A 频繁操作	B 不频繁操作	
交流	AC-31A	AC-31B	无感或微感负荷
	AC-32A	AC-32B	阻性和感性的混合负荷(感性负荷不超过30%),包括中度过负荷
	AC-33iA	AC-33iB	阻性和感性的混合负荷(感性负荷不超过70%),包括中度过负荷
	AC-33A	AC-33B	电动机负荷或高感性负荷
	AC-35A	AC-35B	放电灯负荷
	AC-36A	AC-36B	白炽灯负荷
直流	DC-31A	DC-31B	电阻负荷
	DC-33A	DC-33B	电动机负荷或包含电动机的混合负荷
	DC-36A	DC-36B	白炽灯负荷

从表 4-1-7 中的典型用途上可以看到，除了 35、36 类特殊负荷

外，交流类从 31、32、33i 到 33，负荷类型越来越复杂，负荷性质越来越恶劣；同时也可以看到 AC-33i 和 AC-33 类别基本上包括了民用及工业绝大部分负荷用途。

数据中心的负荷基本属于“电动机负荷或高感性负荷”，其使用类别为 AC33，在设备选择时应注意使用类别的区别。

⑤ 数据中心 ATSE 的选择及注意事项

a. 应根据配电系统的参数要求选择高可靠性的 ATSE，并应满足现行国家标准《低压开关设备和控制设备　第 6-1 部分：多功能电器 转换开关电器》GB/T 14048.11 的有关规定。

b. ATSE 的转换动作时间宜满足负荷允许的最大断电时间的要求。

c. 根据《固定式消防泵控制器》（IEC 62091）标准要求用于消防泵的 ATSE 应采用 PC 级 ATSE。除消防泵外若采用 CB 级 ATSE 为消防负荷供电时，所选用应仅具有短路保护和过负荷仅报警功能的 ATSE，且其保护选择性应与上、下级保护电器相配合。

d. 当应急照明负荷供电采用 CB 级 ATSE 时，保护选择性应与上、下级保护电器相配合。

e. ATSE 的切换时间应与供配电系统继电保护时间相配合，并应避免连续切换。

f. ATSE 为大容量电动机负荷供电时，应适当调整转换时间，在先断后合的转换过程中保证安全可靠切换。

g. PC 级 ATSE 的可靠性高于 CB 级 ATSE，用于数据中心核心关键设备的 ATSE 考虑到可靠性要求，建议优先采用 PC 级 ATSE。当采用 PC 级自动转换开关电器时，应能耐受回路的预期短路电流，且 ATSE 的额定电流不应小于回路计算电流的 125%。选用 PC 级 ATSE 需校验其额定限制短路电流，确保与前端的短路保护开关相匹配。

h. 根据《数据中心设计规范》（GB 50174—2017）中第 8.1.6 条规定，采用交流电源的电子信息设备，其配电系统应采用 TN-S 系统。因此，数据中心的配电系统均采用 TN-S 三相五线制接地系统，故三相供电的 ATSE 应采用四极 ATSE，单相供电的 ATSE 应采用两极 ATSE。

i. 根据《低压电气装置　第4-44部分：安全防护　电压骚扰和电磁骚扰防护》（GB/T 16895.10—2010/IEC 60364-4-44：2007）中第444.4.7条电源转换规定："在TN系统中，当需用开关电器将一个电源转换到另一个替换电源时，此开关电器应转换线导体和中性导体"。数据中心采用低压发电机做备用电源，是典型的多电源系统，为防止由于共用中性线产生的杂散电流造成电磁干扰，用于市电和发电机电源切换的ATSE应采用四极。

j. 根据《数据中心设计规范》（GB 50174—2017）中第8.1.17条规定："正常电源与备用电源之间的切换采用自动转换开关电器时，自动转换开关电器宜具有旁路功能，或采取其他措施，在自动转换开关电器检修或故障时，不应影响电源的切换"。考虑到数据中心对电源的可靠性和可用性要求高，为避免单点故障影响连续供电，优先考虑选用带有手动维修旁路功能（尤其是双旁路功能）的ATSE，确保ATSE在检修或故障时，不会影响正常电源与备用电源的切换。

k. 数据中心ATSE的使用类别宜达到A类要求，对于制冷空调设备（电动机、变压器），应不低于AC-33A；对于容性负荷（UPS、IT设备），应不低于AC-33iA。

l. 考虑到高频机UPS无变压器，其三相电源输入的中性线来自电源变压器的中性点，并且直通负荷，如图4-1-7所示。如果UPS输入的中性线在常用电源与备用电源切换过程中断开，将会导致UPS逻辑电路对地的基准点漂移，从而造成电压超限报警或停机；另外，切换过程中性线断开会造成UPS输出的三相电压不平衡，情况严重时会烧毁IT设备。因此选择四极ATSE时，需根据UPS的工作原理、运行方式、是否带隔离变压器等条件，必要时应采用带中性线重叠切换功能的ATSE。

m. ATSE应具备标准通信接口，应具备现场有线、无线通信及其他不同协议通信的需求，可实现云平台互联、远程参数实时监测，真正实现无人值守，满足智能电网、泛在电力物联网等双向互动要求，可实现远程监控。

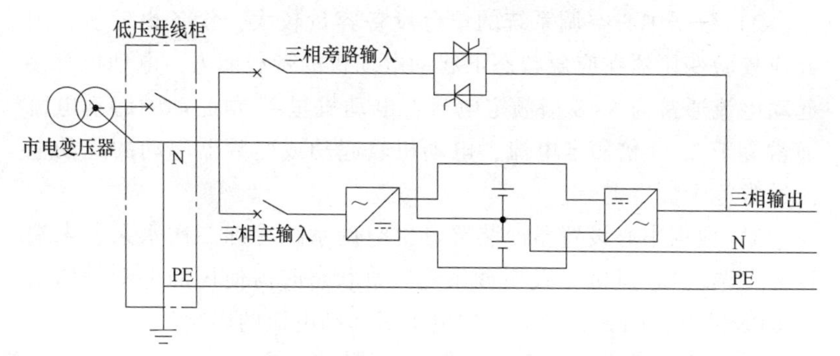

图 4-1-7 高频机 UPS 电源（无变压器）

4.2 电力配电系统

根据《数据中心设计规范》（GB 50174—2017）表 A 对 A 级、B 级机房的电气系统提出的相关规定，有关空调系统配电要求如下：

A 级机房：要求空调系统供电电源应由双重电源供电，变压器设置应满足容错要求，可采用 2*N* 系统构架；应设置后备柴油发电机电源（*N*+*X* 冗余，*X*=1~*N*）；空调系统配电采用双路电源（其中至少一路为应急电源），末端切换，应采用放射式配电系统。

B 级机房：要求空调系统供电电源宜由双重电源供电，变压器设置应满足冗余要求，宜采用 *N*+1 冗余系统构架；当供电电源只有一路时，需设置后备柴油发电机系统（宜 *N*+1 冗余）；空调系统配电采用双路电源，末端切换，宜采用放射式配电系统。

数据中心空调系统的特点是容量大，设备多，且单台设备容量大，在进行空调系统配电设计时，除正常计算变压器负荷率外，尚需注意以下几点：

1）空调系统中冷水机组、冷却塔、冷却一次水泵、冷冻一次水泵往往成组对应且可独立运行，因此每组空调系统的冷水机组、冷却塔、冷却一次水泵、冷冻一次水泵应由同一组（2*N*）变压器供电，避免因分开供电而造成全套空调系统无法正常运行。

2）数据中心空调系统的单台设备容量较大，设备也较多，因此应校验变压器在应急状态下起动电动机的带载能力。电动机直接起动电流通常为6~8倍额定电流，电动机星-三角起动的起动电流通常等于2.33倍额定电流，电动机软起动或变频器起动的起动电流通常等于额定电流。

3）数据中心设置蓄冷装置时，空调系统冷冻二次水泵、末端精密空调（EC风机）及空调系统应急状态时需使用的电动阀均应由UPS供电，UPS容量应考虑电动机起动电流的影响。

空调系统低压配电干线示意图如图4-2-1所示。

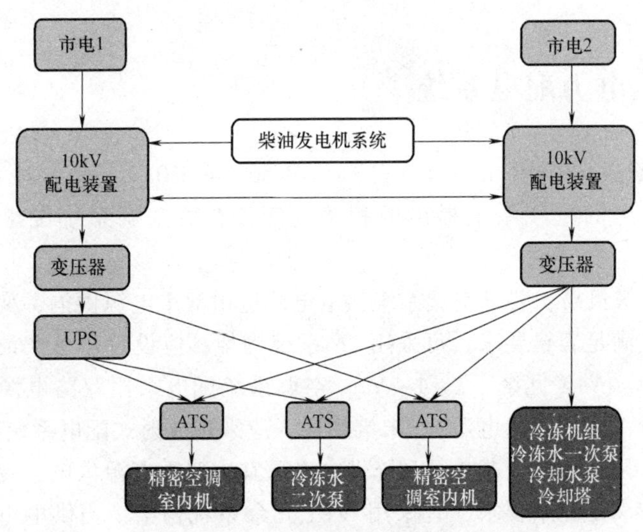

图 4-2-1　空调系统低压配电干线示意图

4.3　特殊设备供电

相比于400V低压冷水机组，10kV高压冷水机组节省低压制冷机组供电电源变压器，节省相关设备及材料，节省变压器室空间，省去了10kV/400V变压器及变压器的损耗，大幅度降低起动和运行电流，降低用电设备和电缆的规格，减少线路的压降和损失。

根据《民用建筑供暖通风与空气调节设计规范》（GB 50736—2012）第 8.2.4 规定，电动压缩式冷水机组电动机的供电方式应符合下列规定：

1）当单台电动机的额定输入功率大于 1200kW 时，应采用高压供电方式。

2）当单台电动机的额定输入功率大于 900kW 而小于或等于 1200kW 时，宜采用高压供电方式。

3）当单台电动机的额定输入功率大于 650kW 而小于或等于 900kW 时，可采用高压供电方式。

对于大型数据中心来说，由于离心机组电机功率较大，符合我国现行规定的大功率电动机应采用高压驱动的技术路线。

10kV 高压冷水机组常见的起动方式有以下 4 种：

1）直接起动：在全电压条件下直接起动电动机。其起动电流大，电压下降幅度较大，对供电系统有较大的冲击，因此在数据中心很少采用直接起动方法。

2）串一次电抗降压起动：在电动机起动的时候串入电抗器，以限制和降低电动机起动时的起动电流及电网压降，当电动机运行稳定且电流达到一定值时，切除电抗器变为电动机直接起动模式。串一次电抗降压起动的最大起动电流为 3~4 倍额定电流，由于起动过程中电动机端的电压也下降，容易导致起动转矩不够。

3）自耦降压起动：在电动机起动时利用自耦变压器来降低加在电动机定子绕组上的起动电压，待电动机起动后，再将电动机与自耦变压器脱离，使电动机在全压下正常运行。该起动方式的最大起动电流为 3~4 倍额定电流，缺点是设备的体积较大，因而成本较贵。

4）变频软起动：利用晶闸管器件的通断作用先把工频交流电源通过整流器转换成直流电源，再把直流电源递变转换成频率、电压均可控制的交流电源，供给电动机，以达到平稳起动的目的。变频软起动的起动电流不超过额定电流，与其他起动方式相比具有很大的优越性。

以上 4 种起动方式相关参数对比详见表 4-3-1。

表 4-3-1　10kV 高压机组不同起动方式对比

起动方式	直接起动	串一次电抗降压起动	自耦降压起动	变频软起动
起动时间	2s	起动时间可调，一般设置为 12s	起动时间可调，一般设置为 12s	起动时间可调，一般设置为 30~40s
初始电压	100%	65%	65%	0~100%
起动电流/额定电流	6~8	3.9~4.5	1.7~4	0~1
起动转矩占全压直接起动转矩的百分比	100%	42%	42%	—
冲击电流次数	1 次	2 次	2 次	无
频繁起动	可以频繁起动	不能频繁起动	不能频繁起动	可以频繁起动
体积	小	大	大	大
价格	便宜	较贵	最贵	贵

大型数据机房的冷水机组起动方式需结合空调专业的空调系统要求及当地供电部门的要求最终明确，目前常用的起动方式是串一次电抗降压起动方式和变频软起动方式。

另外，在进行 10kV 高压冷水机组配电设计时，若 10kV 冷水机组自然功率因数未达到供电部门的要求值时，需对其进行无功补偿，通常采取机组就地补偿方式，建议无功补偿柜由空调设备供应商配套提供。

4.4　其他

随着数据中心规模的变化及物联网、“互联网+”、云服务等技术的发展，为服务各数据中心保障大型数据中心电力系统的连续性和可靠性，提高数据中心运维安全性及运维效率，实现数据中心泛在物联的远程管理，降低系统运行损耗，各低压开关设备供应商均纷纷推出物联网数字化系统管理平台，如施耐德的 EcoStruxure 系统平台、ABB Ability 数字化系统平台、常熟开关的 CS-Smartlink 数字化综合配电系统等。

随着物联网数字化系统管理平台的应用，将提高大型数据中心的安全性、操控性、利用率、节能率。物联网数字化系统管理平台将数据中心运维变为智能运维，从而做到主动运维、风险精准管控，提升效率控制运维成本，拆解分析能耗，做到电力开源节流。因此新一代智能断路器和智能配电柜将是数据中心实现智慧数据中心的基础。

第5章　电气照明系统

5.1　数据中心照明设计概述

数据中心照明种类分为正常照明和应急照明。正常照明应满足数据中心正常生产运行的需要，保障工作和运维人员正常工作时所需要的照明条件；应急照明应能在正常照明发生故障、紧急情况下或火灾时，为人员疏散和场所继续工作提供照明。当满足一定条件时，可采用正常照明的一部分作为应急照明灯具。

数据中心照明设计应因地制宜，根据不同功能房间的视觉要求、作业性质和环境条件，确定工作面照明设计标准，合理选择适用的光源和灯具，通过照度计算后确定灯具布置方案。

数据中心照明设计应采用高效节能光源和灯具以及节能控制技术，采用合理的照明控制方式并应满足《数据中心设计规范》(GB 50174—2017)、《建筑照明设计标准》(GB 50034—2013) 等相关国家规范、标准的要求。

数据中心照明设计方法和步骤如下：

1）确定数据中心各区域照明标准，包括照度标准值、照度均匀度和眩光值（*UGR*)、光源色温和显色指数（*Ra*)。

2）确定照明方式，包括一般照明、分区一般照明、局部照明、混合照明等。

3）确定照明种类，包括正常照明、应急照明、值班照明等。

4）合理选择光源和灯具。

5）进行照度计算，确定灯具布置方案，校核眩光值、灯具允许距高比。

6）校验照明功率密度值是否满足规范要求，进行方案优化。

7）进行照明配电系统设计，合理确定控制方式。

5.2 机房照明

数据中心主要由主机房、辅助区、支持区、行政管理区组成，正常照明是这些场所在正常工作情况下使用的照明。照明是一门电气和建筑装修艺术相结合的技术，是数据中心建设的重要组成部分。

5.2.1 照明设计标准

数据中心主要功能房间照度设计标准和技术参数可按表 5-2-1 选择。

表 5-2-1 数据中心照明设计标准值

房间或场所		参考平面及其高度	照度标准/lx	照明功率密度限值/(W/m^2)		UGR	照度均匀度 U_0	Ra
				现行值	目标值			
主机房	服务器机房	0.75m 水平面	500	≤15	≤13.5	19	0.6	80
	网络机房	0.75m 水平面	500	≤15	≤13.5	19	0.6	80
	存储机房	0.75m 水平面	500	≤15	≤13.5	19	0.6	80
辅助区	进线间	0.75m 水平面	500	≤15	≤13.5	19	0.6	80
	测试机房	0.75m 水平面	500	≤15	≤13.5	19	0.6	80
	总控中心	0.75m 水平面	500	≤15	≤13.5	19	0.7	80
	消防安防控制室	0.75m 水平面	500	≤15	≤13.5	19	0.7	80
	拆包区	0.75m 水平面	300	≤9	≤8	19	0.6	80
	备件库	1.0m 水平面	200	≤7	≤6	—	0.6	80
	维修室	0.75m 水平面	300	≤9	≤8	19	0.6	80
支持区	变电室	0.75m 水平面	200	≤7	≤6	—	0.6	80
	柴油发电机机房	地面	200	≤7	≤6	25	0.6	80

（续）

房间或场所		参考平面及其高度	照度标准/lx	照明功率密度限值/(W/m²)				
				现行值	目标值	*UGR*	照度均匀度 U_0	*Ra*
支持区	UPS 室	0.75m 水平面	200	≤7	≤6	25	0.6	80
	风机房、空调机房	地面	100	≤4	≤3.5	—	0.6	60
	泵房	地面	100	≤4	≤3.5	—	0.6	60
	制冷机房	地面	150	≤6	≤5	—	0.6	60
行政管理区	办公室	0.75m 水平面	300	≤9	≤8	19	0.6	80
	会议室	0.75m 水平面	300	≤9	≤8	19	0.6	80

表 5-2-1 列出了数据中心建筑的主要功能房间，其他通用场所照度设计标准可参见《建筑照明设计标准》（GB 50034—2013）中的规定。主机房照度标准是指两列机柜或设备之间通道内的维持平均照度，参考平面为 0.75m 水平面。

数据中心工作区域内一般照明的照明均匀度不应小于 0.7，非工作区域内的一般照明照度值不宜低于工作区域内一般照明照度值的 1/3。

需要注意的是，数据中心主机房内除满足水平照度要求外，还要具有一定的垂直照度，建议不低于 50lx（参考图书馆建筑的书架照度提出，可以通过合理布置一般照明灯具或增加局部照明实现）。因为工作人员在操作时，主要是在机柜前或机柜后相对于地面的垂直面上进行作业，例如安装更换设备、进行线缆端子识别和跳线连接等，只有在垂直照度满足一定要求时，才能为运维人员高效准确地进行操作提供基本条件。

5.2.2 照明方式、光源和灯具的选择

1. 照明方式

照明方式分为一般照明和局部照明。数据中心的主要功能场所都应设置一般照明。主机房内除设置一般照明内，机柜封闭通道内可增设局部照明；一些对照度要求较高的场所（例如维修室等），

可考虑在工作桌面上增设局部照明灯具。

目前一些产品可在机柜内配置专用 LED 灯作为局部照明，其配光曲线为非对称曲线，可在较大范围内照亮机柜正面区域。灯具采用传感器控制，打开机柜门即亮，关闭机柜门即熄（或延时后熄灯）。机柜专用照明可以大大提升机柜内的有效照度，一方面保证了机房的有效照明需要，另一方面降低了照明功耗，提升了运维管理效率。

2. 光源和灯具的选择

数据中心照明应优先选用高效节能光源和灯具，并配置节能型灯具附件。光源应以荧光灯和 LED 光源为主，高大空间也可选用小型金卤灯等气体放电光源。LED 光源由于光效高、寿命长、控制灵活、单灯功率可选范围广等优点，宜作为首选光源。采用 LED 光源时，需注明灯具功率、灯具光效、显色指数、色温等基本参数。

荧光灯应配电子镇流器和节能型电感镇流器，镇流器的能效等级不应低于 2 级。直管型荧光灯的功率因数不应低于 0.9，紧凑型荧光灯功率因数不应低于 0.55。

LED 灯具的电源驱动装置的能效等级不应低于 2 级，灯具功率因数应符合表 5-2-2 的规定。

表 5-2-2　LED 光源功率因数

实测功率/W	功率因数
≤5	≥0.5
>5	≥0.9

从表 5-2-2 可以看出，从产品标准角度，功率大于 5W 的 LED 灯具的功率因数明显优于 5W 及以下的 LED 灯具。

数据中心机房普遍面积较大，无论是采用荧光灯还是 LED 灯，都应优先选用单灯功率较大的光源，以提高照明能效和功率因数、减少谐波电流，达到节能目的。

根据环境条件选择灯具防护等级：室内一般场所不低于 IP20，潮湿场所应选用防水防尘灯具（不低于 IP54）；室外路灯不应低于

IP54，室外地埋灯不应低于 IP67。

数据中心照明应采用Ⅰ类灯具，灯具外壳应可靠接地。区变电室电缆夹层、电梯井道照明灯可采用Ⅲ类灯具（额定电压交流 50V 或直流 120V 以下），采用安全特低电压（SELV）安全隔离变压器供电，且二次侧不接地。

UPS 电池室、柴油发电机房储油间等具有爆炸危险场所应选用防爆灯具。《电气装置安装工程蓄电池施工及验收规范》（GB 50172—2012）中规定：蓄电池室应采用防爆型灯具、通风电动机，室内照明线应采用穿管暗敷，室内不得装设开关和插座。

5.2.3 灯具布置和安装方式

灯具布置方案应在进行照度计算后进行确定，可采用利用系数法和计算机软件计算方法。对于机房等区域，采用利用系数法计算平均照度一般可以满足工程设计需求，在计算中需要注意所选取参考工作面的高度，照度计算结果与选取的标准值偏差不宜超过 10%，如果偏差过大，应调整布灯方案，直到符合要求。

机房区的灯具布置，应在满足照度要求和灯具允许距高比的条件下，均匀布置在设备维护通道上方，布灯间距和安装高度合理协调，力求排列有序、整齐美观，并考虑重点区域和设备的要求。灯具安装位置和高度应便于安装和维修。

对于设有吊顶的主机房，采用嵌入式安装方式；对于不设吊顶的主机房，可采用线槽安装或管吊安装方式，灯具安装高度应在机房进行管线综合后确定，宜采用 BIM 软件进行优化。模块化数据中心或封闭冷/热通道内通常设有局部照明，在封闭通道玻璃天窗两侧设有 LED 灯带，增加了通道内特别是机柜处的垂直照度，满足工作人员操作维护要求。

在满足眩光控制和照度均匀度条件下，宜选择单灯功率较大的灯具，以提高照明能效，降低谐波含量，并有利于控制投资。

企业总控中心（ECC）可采用灯带照明或锯齿形吊顶，控制眩光影响，也可采用发光顶棚形式。

数据中心支持区包括变电室、柴油发电机房、UPS 室、空调机房等机电设备用房，在这些机房进行灯具布置时应考虑机电设备位置，灯具不要布置在大型设备的正上方，宜布置在设备的两侧，灯具和设备平行布置。灯具应选用敞开式荧光灯或直射式LED灯盘等高效灯具。

数据中心行政管理区包括办公室、门厅、值班室等场所，为相对通用场所，在此不做细述。

可进入的技术夹层（包括吊顶上和活动地板下），宜设置照明和检修插座，应采用单独支路或专用配电箱（柜）供电。

5.3 应急照明

5.3.1 应急照明的分类及技术要求

应急照明为因正常照明失效而启用的照明，一般数据中心应急照明包括备用照明、安全照明和疏散照明。

1. 备用照明技术要求

备用照明宜与正常照明统一布置；当满足要求时应利用正常照明灯具的部分或全部作为备用照明；独立设置备用照明灯具时，其照明方式宜与正常照明一致或相类似。当正常照明的负荷等级与备用照明负荷等级相等时，可不另设备用照明。

备用照明的电源装置转换时间不应大于5s。

2. 安全照明技术要求

安全照明应选用可靠、瞬时点燃的光源；应与正常照明照射方向一致或类似并避免眩光；当光源特性符合要求时，宜利用正常照明中的部分灯具作为安全照明；安全照明应保证人员活动区获得足够的照明需求，无须考虑整个场所的均匀性。

当在一个场所同时存在备用照明和安全照明时，宜共用同一组照明设施并满足二者中较高负荷等级与指标的要求。

安全照明的电源装置转换时间不应大于0.25s。

3. 疏散照明技术要求

数据中心应设置疏散照明，应采用消防应急照明和疏散指示系统进行整体设计。设有消防控制室的数据中心应采用集中控制型系统。

消防应急照明灯具应设置在墙面或顶棚上，设置在顶棚上时不应采用嵌入式安装。灯具选择、安装位置及灯具间距以满足地面水平最低照度为准；疏散走道、楼梯间的地面水平最低照度，按中心线对称50%走廊宽度为准。

消防应急标志灯具在顶棚安装时，不应采用嵌入式安装方式。安全出口标志灯应安装在疏散口的内侧上方；疏散走道应在走道及转角处离地面1.0m以下墙面或地面上设置疏散指示标志灯；采用顶装方式时，底边距地宜为2.0~2.5m。设在墙面上、柱上的疏散指示标志灯具间距在直行段为垂直视觉时不应大于20m，侧向视觉时不应大于10m，对于袋形走道不应大于10m；交叉通道及转角处宜在正对疏散走道的中心的垂直视觉范围内安装，在转角处安装时距角边不应大于1m。

设在地面上的连续视觉疏散指示标志灯具之间的间距不宜大于3m。

一个防火分区中，标志灯形成的疏散指示方向应满足最短疏散原则，标志灯设计形成的疏散路径不应出现循环转圈而找不到安全出口的情况。

装设在地面上的疏散标志灯，应防止被重物或外力损坏，其防水、防尘性能达到IP67的防护等级要求。地面标志灯不应采用内置蓄电池灯具。

疏散照明灯的设置，不应影响正常通行，不得在其周围存放有容易混同以及遮挡疏散标志灯的其他标志牌等。

疏散照明的电源装置转换时间不应大于5s，人员密集场所不应大于0.25s。

系统应急启动后，集中电源的蓄电池组和灯具自带蓄电池达到使用寿命周期后标称的剩余容量应保证放电时间满足如下要求：

1）总建筑面积大于100000m^{2}的公共建筑和总建筑面积大于20000m^{2}的地下、半地下建筑，不应少于1.0h。

2）其他建筑，不应小于0.5h。

3）在非火灾状态下，系统主电源断电后，集中电源或应急照明配电箱增设连锁控制其配接的灯具应急点亮功能，持续工作时间不应超过0.5h；蓄电池及蓄电池组的放电时间应增加此功能时间，确保任何情况下系统的持续供电时间满足要求。

5.3.2 应急照明的设置要求

1. 备用照明设置要求

数据中心内重要的工作场所均应设置备用照明，保证人员继续工作、暂时继续工作和采取应急处理，避免可能引发的事故或损失。

数据中心的主机房和辅助区应设置备用照明，照度值不应低于一般照明照度值的10%；有人值守的房间，备用照明的照度值不应低于一般照明照度值的50%。

变配电室、柴油发电机房、UPS系统室、电池室、消防设施用房、消防和安防控制室等支持区房间，应设置不低于一般照明照度标准值100%的备用照明。

行政管理区应根据管理、使用要求及重要性等合理设置备用照明。

数据中心建筑备用照明设计要求参见表5-3-1。

表5-3-1 备用照明设计要求

区域类别	房间名称	备用照明照度要求
主机房	服务器设备机房	不低于正常照明照度10%
	网络设备机房	不低于正常照明照度10%
	存储设备机房	不低于正常照明照度10%
辅助区	进线间	不低于正常照明照度10%
	备件库	不低于正常照明照度10%
	测试机房	不低于正常照明照度50%
	监控中心	不低于正常照明照度50%
	打印室	不低于正常照明照度50%
	维修室	不低于正常照明照度50%

（续）

区域类别	房间名称	备用照明照度要求
支持区	变配电室	正常照明照度
	柴油发电机房	正常照明照度
	UPS 系统室	正常照明照度
	电池室	正常照明照度
	消防设施用房	正常照明照度
	消防安防控制室	正常照明照度

2. 安全照明设置要求

电磁屏蔽室等相对独立，与外界难以联系的封闭场所，应设置安全照明。当正常照明因故失效后，需在正常照明失效的瞬间，迅速在安全照明的作用下做出应急反应，避免封闭场所内部人员由于无法有效观察周围环境而发生人身伤害。

安全照明不应低于该场所一般照明照度标准值的10%，且不应低于15lx。

3. 疏散照明设置要求

数据中心建筑的封闭楼梯间、防烟楼梯间及其前室、消防电梯间的前室或合用前室、避难走道、避难层（间）等场所，建筑面积大于100m^2的地下或半地下公共活动场所，公共建筑内的疏散走道应设置消防疏散照明灯及疏散指示标志灯。

数据中心建筑的主机房一般为封闭空间，从安全角度出发，机房内应设置主要疏散通道，主要疏散通道应设置消防疏散照明及疏散指示标志灯。疏散照明地面最低水平照度要求见表5-3-2。

表5-3-2　疏散照明地面最低水平照度要求

场所举例	照度/lx
人员密集场所的楼梯间、前室或合用前室、避难走道	≥10
逃生辅助装置存放处等特殊区域	≥10
一般敞开楼梯间、封闭楼梯间、防烟楼梯间及其前室、室外楼梯、避难走道	≥5
消防电梯间的前室或合用前室	≥5

(续)

场所举例	照度/lx
主机房区主要疏散通道	≥5
一般避难走道	≥5
避难层(间)	≥3
多功能厅,建筑面积大于200m² 的餐厅,建筑面积超过400m² 的办公大厅、会议室等人员密集场所及其疏散走道、疏散通道	≥3
建筑面积大于100m² 的地下或半地下公共活动场所及其疏散走道、疏散通道	≥3
一般疏散走道、疏散通道	≥1
自动扶梯上方或侧上方	≥1
安全出口外面及附近区域、连廊的连接处两端	≥1
配电室、消防控制室、消防水泵房、自备发电机房等发生火灾时仍需工作、值守的区域	≥1

5.4 照明配电与控制系统

1. 照明配电

数据中心照明供电应根据照明中断可能造成的影响和损失，确定其照明用电负荷等级，然后根据不同照明负荷等级的要求，采用合理的供电方式。附设在公共建筑内的数据中心，其照明负荷等级应结合建筑物防火类别和相关规范综合确定，可参见《民用建筑电气设计标准》(GB 51348—2019) 附录A确定。

数据中心正常公共照明一般为三级负荷，采用单电源供电；机房、供配电间等功能性场所为一级负荷或二级负荷，应急照明一般为一级负荷或二级负荷，电源引自双电源互投箱。正常照明和应急照明应采用不同的低压干线回路供电。数据中心照明负荷不宜和大功率冲击性负荷共用变压器，当无法避免时，照明供电应采用专用馈电干线回路。数据中心主机房应急照明可接入应急电源 (EPS) 或独立的UPS供电系统，采用一路市电电源和一路UPS双路供电、末端互投方式，进一步提高其供电可靠性。

2. 智能照明控制系统

数据中心建筑宜设置智能照明控制系统，系统既可独立操作，又可以通过网络接入机房动力环境监控系统。

智能照明控制系统由中央控制管理设备、输入设备、输出设备和通信网络构成，可以进行开关控制、调光控制，还可控制电动窗帘、风机盘管等设备。目前智能照明控制系统根据控制灯具的方式，可以分为两大类：

1）控制到照明支路，如 EIB/KNX 总线系统、C-Bus 总线系统、RS485 总线系统等。

2）控制到每个灯具，如 DALI 控制系统。

总线控制系统相比 DALI 系统造价要便宜，开放性和扩展性好，而数据中心照明一般采用控制到照明支路就能满足需求，因此总线回路控制型照明系统在目前工程中应用更加广泛。智能照明系统结构如图 5-4-1 所示。

数据中心智能照明控制系统还应具有以下功能：

1）应具备信息采集功能和多种控制方式，并可设置不同场景的控制模式。

2）应能够实时监测系统的运行状态，对系统故障进行监测和报警。

3）可实时显示和记录所控照明系统的各种相关信息并自动生成分析和统计报表，可对照明系统的能耗进行检测。

4）宜具备良好的中文人机交互界面。

5）宜预留与其他系统的联动接口，纳入机房动力环境监控系统，并可通过系统集成，实现与火灾自动报警、建筑设备管理系统、安防系统实现信息交换和联动控制。

6）应具有在启动时避免对电网冲击的措施。

3. 数据中心照明节能控制策略

数据中心照明设计应充分考虑后期管理运维的需求。

数据中心主机房区域在无人进入时，仅点亮备用照明，保持不低于正常照明 10%的照度，方便无死角监控摄像机工作。工作人员进入时，可通过就地开关或感应控制开启正常照明，也可通

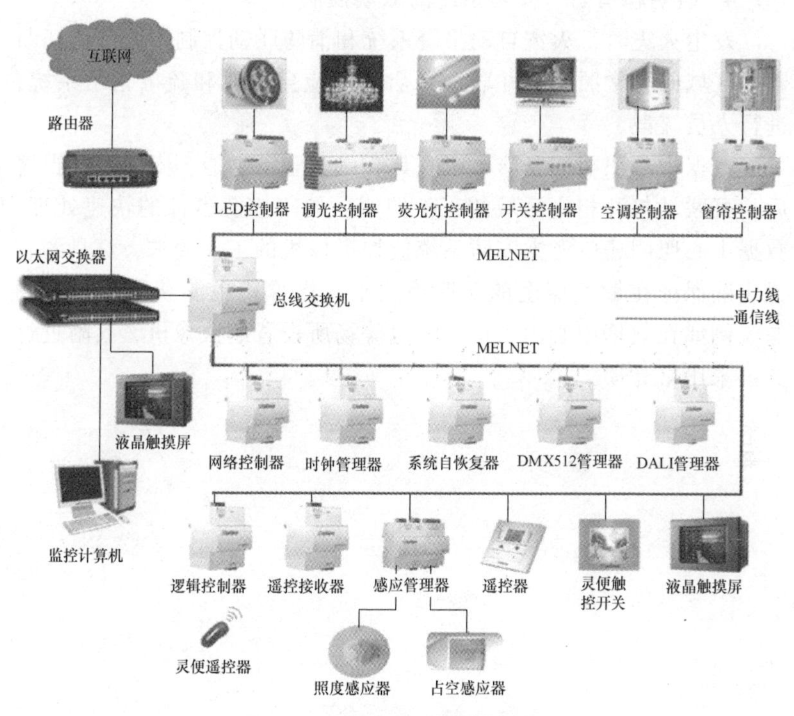

图 5-4-1 智能照明系统示意图

过与门禁系统联动实现照明开启。机房照明灯具按机柜列进行控制。工作人员离开时手动关灯或通过智能照明系统实现自动关闭。

门厅、走道、电梯厅照明等可采用时间或感应控制控制方式。

行政办公区大开间办公室采用时间、亮度传感器控制方式；会议室、多功能厅等场所设置场景控制功能，可根据会议期间的不同场景（例如幻灯片播放、会议讨论等）设定不同的使用模式，并能控制一些相关设备的开启。

具有天然采光的场所，宜设置亮度传感器，采光区域的照明控制应独立于其他区域的照明控制，可根据室外天然光照度变化调节人工照明，调节后的天然采光和人工照明的总照度不低于各采光等级所规定的室内采光照度值。

4. 照明和消防、安防系统的联动控制

发生火灾时，火灾自动报警系统和消防联动控制系统应能切断着火区域的正常照明，并联动开启消防应急照明和疏散指示系统，进行人员疏散。

数据中心照明与安防系统宜具有以下联动功能：安防系统报警后，可联动打开相应区域的正常照明，便于应急事件的快速处理。数据中心照明还应考虑安防系统监控摄像机的工作要求，灯具的布置应能保证在最低照度的照明模式下，摄像机也能获得清晰的图像。例如在数据中心出入口、走道等场所设置的摄像机，其附近灯具可采用常亮模式。

第6章 线缆选择与敷设

6.1 常规线缆选择

1. 电力电缆、导线的导体材料选择

根据数据中心的使用性质、负荷等级、使用环境等条件，其配电线路一般选用铜芯电缆或导线。

2. 电力电缆、导线的芯数选择

TN-S 系统选用三相五芯电缆、导线；10kV、35kV 系统电缆线路一般采用三芯电力电缆。110kV 三相供电回路，除敷设于水下时可选用三芯外，宜选用单芯电缆。

数据中心大负荷设备、大电流回路较多，当远距离配电时为方便安装及减少中间接头，结合各项经济技术指标考量，宜选用单芯电缆供电。采用刚性或大截面面积矿物绝缘电缆时候宜选用单芯电缆。

单芯电缆选型的技术要点如下：

1）交流供电时，单芯电缆宜选用无金属护套、无铠装类型。

2）单芯电缆宜采用品字形捆绑或平行交叉换位方式敷设，降低线路阻抗。

3）单芯电缆穿铁磁材料保护管敷设时，应成束敷设，不应单独穿管。

3. 电力电缆、导线的绝缘水平选择

根据数据中心各级配电的系统电压等级，选择电缆、导线的额

定电压，以确保配电线路的安全运行。线路电压等级见表 6-1-1。

交流系统中电力电缆缆芯的相间绝缘电压等级，不得低于工作回路的线电压。

表 6-1-1 线路电压等级

线路类别	线路用途	额定电压
低压交直流配电线路	室内导线	0.3/0.3kV，0.3/0.5kV，0.45/0.75kV
	室内外电缆	0.6/1.0kV
	控制电缆	0.45/0.75kV

电缆的绝缘水平见表 6-1-2。

表 6-1-2 电缆绝缘水平 （单位：kV）

系统的标称电压	0.23/0.4	3		6		10		20		35	110
		系列1	系列2	系列1	系列2	系列1	系列2	系列1	系列2		
电缆的额定电压	0.6/1	3/3		6/6		8.7/10		21/35		26/35	64/110
额定雷电冲击耐受电压（峰值）		20	40	40	60	60	75 90	95	125	185/200①	
导体间工频最高电压		3.6		7.2		12		24		42	132
额定短时工频耐受电压（有效值）		18		25		30/42②;35		50;55		80/95②;85	

注：1. 表中系列 1 为中性点直接接地（包括小电阻接地）系统；系列 2 为其他接地系统。

2. 同一设备给出两个及以上绝缘水平为在选用设备的额定耐受电压及其组合时应考虑到电网结构及过电压水平、过电压保护装置的配置及其性能、设备类型及绝缘特性、可接受的绝缘故障率等。

① 该栏斜线下数据仅用于变压器类设备的内绝缘。

② 该栏斜线上数据为设备外绝缘在湿状态下的耐受电压；斜线下数据为设备外绝缘在干燥状态下的耐受电压。在“；”后数据仅用于变压器类设备的内绝缘。

4. 电力电缆、导线的绝缘材料及护套选择

根据数据中心不同负荷等级的用电设备、电力电缆、导线的敷设环境条件及敷设方式选择相应的绝缘材料及护套。

1）数据中心一般选用交联聚乙烯绝缘电力电缆及矿物绝缘电缆。

2）A 级数据中心主机房的配电干线应采用耐火性能不低于 AI 级的电缆或采取等效的防火措施。

3）B1 级数据中心主机房的配电干线应采用耐火性能不低于 AⅡ 级的电缆或采取等效的防火措施。

4）除直埋和穿管暗敷的电缆外，A 级、B1 级数据中心的主机房、辅助区和支持区的配电干线应采用低烟无卤阻燃 A 类电缆或同级别的母线槽。

5）B2 级数据中心的主机房、辅助区和支持区的配电干线宜采用低烟无卤阻燃 A 类电缆或同级别的母线槽。

6）除全程穿管暗敷的电线外，A 级、B1 级数据中心的主机房、辅助区和支持区的分支配电线路应采用低烟无卤阻燃 A 类的导线。

7）B2 级数据中心的主机房、辅助区和支持区的分支配电线路宜采用低烟无卤阻燃 A 类导线。

8）移动式电气设备以及对线路有较高柔软性要求的供电线路，采用橡胶外保护层或橡胶绝缘电缆。

9）室外电缆直埋敷设时，应选择可承受机械张力的钢丝铠装电缆，避免机械损失。当周边土壤有较强腐蚀性或酸碱度时，应具有加强防护护套。

10）对于有防鼠害、蚁害要求比较高的数据中心，托盘、梯架等空气中敷设的电力电缆、导线，应选用金属铠装或防鼠蚁护套。

11）−15℃以下的低温环境中的数据中心项目，电力电缆、导线选型应按温度条件，选用交联聚乙烯、聚乙烯绝缘、耐寒橡胶绝缘电缆。

12）35kV 以上高压交联聚乙烯绝缘电缆应具有防水结构。

13）交流系统单芯电力电缆、导线，其加强防护外层不应为闭合的铁磁铠装材料，避免涡流。35kV 及 110kV 可通过增大铠装材料的节距措施减少影响。

5. 电力电缆、导线的截面面积选择

1）结合电缆的使用环境、用电负荷的工作制核算电缆等效发热电流，按温升条件选择电力电缆、导线的截面面积，多回路敷设时，结合敷设方式校正电力电缆、导线载流量。电缆、导线长期允许最高工作温度见表 6-1-3。

表 6-1-3　电缆、导线长期允许最高工作温度

线缆类型	长期允许最高工作温度/℃
1~110kV 交联聚乙烯绝缘电力电缆	90
刚性矿物绝缘电缆	70、105（电缆表面温度）
柔性矿物绝缘电缆	125
通用橡套软电缆	60
铜、铝母线槽	110
裸铝、铜母线和绞线	70
500V 橡胶绝缘电线	65

2）根据《电力工程电力缆设计标准》（GB 50217—2018）中关于电力电缆经济电流截面选用方法和经济电流密度曲线的原理和方法，以及《工业与民用供配电设计手册》第 4 版中的相关导体经济电流范围表格，按经济电流选择截面。

3）根据数据中心各用电设备的对电压偏差的允许值，同时兼顾设备的运行状况，合理选择电压偏移的允许范围，按电压降校核截面面积。自变压器低压侧出口配出的动力干线，到动力配电箱处电压损失不宜超过 2%；照明干线电压损失不宜超过 1%；室外干线电压损失不宜超过 2.5%。室内照明分支线电压损失不宜超过 2%；室外照明分支线电压损失不宜超过 4%。表 6-1-4 列出了各用电设备电压偏差的允许值。

4）按短路动、热稳定校验电缆截面面积。电力电缆、导线的截面面积按低压配电线路保护计算公式计算。

表 6-1-4　各用电设备电压偏差的允许值

设备类型	电压偏差允许值	备注
电子信息设备	+7%，-10%	交流供电时
照明	±5%	室内场所
照明	+5%，-10%	远离变电站的一般工作场所
应急照明、景观照明、道路照明、警卫照明	+5%，-10%	
一般用途的电动机	±5%	
电梯的电动机	±7%	
冷水机组	±5%	相间不平衡小于±2%
高压冷水机组		
冷却塔	±5%	
其他用电设备	±5%	无特殊规定时候

5）按满足机械强度选择电力电缆截面面积，导体的最小截面面积应满足相应敷设方式下的机械强度要求。

6）电力电缆应符合过负荷保护的要求，确保接地故障状态下保护电器的动作。

7）数据中心的 UPS、荧光灯、变频器、水泵等设备繁多，谐波发生量较多，电力电缆、导线的截面面积选择同时应计入谐波电流的影响。

6. 母线槽的选择及应用

1）母线槽的功能特点。母线槽与电缆的比较见表 6-1-5。

表 6-1-5　母线槽与电缆的比较

序号	分项	母线槽	电缆
1	应用场景	载流量大、区域供电、大容量输电干线。数据中心内大功率用电设备繁多，合理应用母线槽方案，有利于简化配电线路敷设	常用电缆截面面积不超过 $300mm^2$，载流量有限，适合小容量输电干线和终端配电。大容量输电干线需采用双拼或三拼方式
2	配电方式	树干分支式配电，线路损耗小，后期负荷增加可通过调整插接箱保护元器件实现扩容，末端设备功率调整空间比电缆大	放射式供电，后期负荷增加过多，需更换电缆

（续）

序号	分项	母线槽	电缆
3	外壳体积、空间要求	占用空间小、体积紧凑、走线直观简洁，通过转接件可直接直角转弯	多回路敷设需要采用桥架敷设，占用空间较大，且电缆界面大，转弯半径对布线路由的桥架尺寸要求高
4	散热情况	母线槽利用空气传导散热，并通过紧密接触的钢制或铝制外壳，把热量散发出去，散热性能比电缆相对较好	电缆的绝缘材料（芯线绝缘和外皮绝缘）既是绝缘材料，又是隔热材料，桥架敷设时考虑了集中辐射时的散热并避免热岛效应，进行降容考虑
5	安装	有专用安装支架，直线单元间采用螺栓连接器进行连接。母线槽由供货单位的专业安装人员负责安装	配电线路需安装桥架，后进行电缆敷设，有两道工序，相对较麻烦，施工周期较长。需另行考虑桥架和电缆安装的工作量
6	使用年限	一般可达 30 年	一般为 10~15 年

2）母线槽的分类。

① 按母线槽的导体材料分，主要有铜、铝、铝合金或复合合金母线。根据国内数据中心案例的母线槽使用情况，铜导体的占比更高。

② 按母线槽的绝缘方式分，主要有密集绝缘母线槽、空气绝缘母线槽、空气附加型母线槽（也称混合绝缘型）。

③ 按母线槽的电压等级分为低压母线槽（380V、660V）、高压母线槽 3~35kV、110kV。

④ 按母线槽的功能可分为馈电式母线槽、插接式母线槽、滑接式母线槽。在数据中心供配电系统中，馈电式母线槽可用于制冷机房冷水机组、屋面风冷热泵机组、大功率 UPS 进线等位置；插接式母线槽可以作为照明主干配电线路，分层设置楼层插接箱。

3）母线槽的选择。母线槽选用可以按其分类，结合实际使用的条件进行设备选型。

① 按温升限值选择母线槽。国际电工标准 IEC 60439. 2—2000 与国家标准 GB 7251. 6—2015 中有规定，母线槽根据绝缘材料耐热

等级来确定允许温升值。母线槽的设计环境温度一般为40℃，如果母线槽绝缘材料为H级（耐热≥180℃），在周围环境允许的条件下，其温升限值就是140K。目前市场上主流的母线槽产品，温升限值有≤55K、≤70K、≤90K、≤100K，常规选用温升限值≤55K、≤70K两种类型。

② 按外壳形式和防护等级选择母线槽。母线槽的外壳形式主要有表面喷涂钢板、塑料（含树脂浇注）、铝合金三种。不同外壳形式的母线槽其防护等级不一样，应用环境也不一样。

③ 按防火要求选择母线槽。根据防火的性能分为阻燃母线槽、空气绝缘型耐火母线槽、密集绝缘型耐火母线槽、矿物质密集型耐火母线槽。

④ 按母线槽的短路耐受强度校验母线槽选型。母线槽的短路耐受电流大于或等于上级保护的分断电流。

4）智能母线在线监测系统。智能母线在线监测系统可实现母线运行状态下内部导体工作状态、温升情况、母线段连接处温升、是否有水入侵、设备受振动影响后的连接状态等信息监控，提高母线运行的安全可靠性，防范电气火灾。监测单元可通过有线网络或无线网络的方式与区域的信息汇聚节点联通，并上传数据，主机系统软件平台接收信息后，可通过BIM 3D建模、物联网准确定位等技术实现母线槽运行管理和运维的可视化。

6.2 特殊线缆选择

1. 矿物绝缘电缆的选择及应用

矿物绝缘电缆其绝缘材料主要为无机矿物，一般为氧化镁，通过无机矿物的保护实现难燃甚至不燃、无烟、无毒的耐火性能。故在数据中心的各配电系统的使用场景中，矿物绝缘电缆已应用广泛。

根据矿物质绝缘电缆的结构性能分为柔性矿物绝缘电缆和刚性矿物绝缘电缆。

根据《额定电压750V及以下矿物绝缘电缆及终端 第1部

分：电缆》（GB/T 13033.1—2007）中的规定，刚性矿物绝缘电缆根据其电压等级分为500V电缆（轻型）和750V电缆（重型），分别标注为BTTQ，BTTQV（500V）和BTTZ，BTTZV（750V）。

BTTZ矿物绝缘电缆存在大电流品种长度较短（只有60m左右），且硬度大，并且接头处容易受潮等缺点；柔性矿物绝缘电缆则可以按需要长度生产，其弯曲半径与传统低烟无卤阻燃电缆近似，故在工程应用中逐渐占了主流地位。

除按照《建筑设计防火规范（2018年版）》（GB 50016—2014）规定的“消防配电线路宜与其他配电线路分开敷设在不同的电缆井、沟内；确有困难需敷设在同一电缆井、沟内时，应分别布置在电缆井、沟的两侧，且消防配电线路应采用矿物绝缘类不燃性电缆”外，视数据中心负荷的重要程度，为IT负荷供电的回路也可采用矿物绝缘类不燃性电缆。

2. 合金电缆的选择及应用

随着电缆技术的发展，铝合金电缆在国外，特别是北美地区的应用相当广泛。与此同时，国家和相关行业也陆续出台规范及图集：《电缆导体用铝合金线》（GB/T 30552—2014）、《额定电压1kV（U_m=1.2kV）到35kV（U_m=40.5kV）铝合金芯挤包绝缘电力电缆》（GB/T 31840.1~3—2015）、《铝合金电缆敷设与安装》（10CD106）、《预制分支和铝合金电力电缆》（13D101-7），相信铝合金电缆在国内的应用也会有一席之地。

铝电缆、铝合金电缆所用的铝材，以AA-8000系列中AA8176和AA8030两个牌号为主。根据铝导体和铝合金导体的性能，选用铝导体或铝合金导体作为导体材料，应着重关注其抗拉强度、抗腐蚀性能、抗蠕变性能等指标，并针对性地采取恰当的施工工艺，特别是电缆接头处。特别是现有电气设备及开关元器件多采用铜质出线口或出线端子，铝电缆、铝合金电缆需通过铜铝过渡端子接入，具体可参照国家标准图集《铝合金电缆敷设与安装》（10CD106）。

铜导体、铝导体、铝合金性能的对比见表6-2-1。

表 6-2-1　铜导体、铝导体、铝合金性能的对比

材质	铜	铝	铝合金
载流量	铝、铝合金电缆适当放大截面后，性能相当		
电压降	铝、铝合金电缆适当放大截面后，性能相当		
重量	重	轻	轻
弯曲半径	$15d$	$15d$	$7d$
抗拉强度	优	差	一般
防腐性能	优	差	优
抗蠕变性能	优	差	较好

注：d 为电缆直径。

6.3　线缆敷设方式

1. 线缆敷设的一般要求

线缆敷设应符合现行国家标准《建筑电气工程施工质量验收规范》GB 50303 和《数据中心基础设施施工及验收规范》GB 50462 的有关规定。结合数据中心常见规划布置，一般要求如下：

1）线缆敷设应避开货物装卸平台、货运出口、设备吊装区域，可减少外力破坏供电线路的可能性。

2）线缆敷设应避开市政热力管道、柴油发电机组热风出口，防止外部热源损坏。

3）线缆敷设应避开柴油发电机组室外埋地储油罐、输油管道、燃气管道等易燃易爆气体或液体管道集中的区域。

4）线缆敷设应尽量避开腐蚀或污染物，如无法避免，应有相应的防护措施。

5）线缆敷设应结合工艺条件实施，线缆的敷设应避免对机房模块的送回风的阻挡和干扰。

6）所有金属管道、线槽和桥架均应设置可靠的接地连接，接地导线和接地电阻值应满足要求。

7）管道或线槽桥架内的电力电缆、导线应按不同电压等级分开敷设。

8）线缆敷设穿越防火分区、楼板、墙体的，应做防火封堵。

9）线缆穿管敷设在钢筋混凝土现浇板内时，保护管最大外径不宜超过板厚的1/3。

10）暗敷管道埋深与建筑、结构表面的距离不应小于15mm。

11）线缆穿管敷设时，线缆总截面面积（包括保护层）不应超过管内总截面面积的40%。

2. 线缆常见的敷设方式

线缆常见的敷设方式包括室外直埋、电缆排管内敷设、直敷布线、电缆隧道或综合管廊内敷设、穿管敷设、桥架敷设、桥梁或架构上敷设、架空敷设、水下敷设。

3. 物理隔离要求

按照《数据中心设计规范》（GB 50174—2017）中关于容错的要求，数据中心电源应从两个独立电网变电所的专用输出回路上分别引入市政电源，并且需采用专线的方式沿不同的敷设路由进入数据中心，电源布线全程需要物理隔离。

4. 电缆的阻燃防火措施

敷设在隐蔽通风空间的配电线路宜采用低烟无卤阻燃铜芯电缆，也可采用配电母线。电缆应沿线槽、桥架或局部穿管敷设；活动地板下作为空调静压箱时，电缆线槽（桥架）或配电母线的布置不应阻断气流通路。

数据中心内的照明线路宜穿钢管暗敷或在顶棚内穿钢管明敷。

5. 其他要求

电源滤波器输入线、输出线必须拉开距离，切忌并行，以免降低滤波器效能。

电源滤波器的输入、输出连接线以选用屏蔽双绞线为佳，它可有效消除部分高频干扰信号。

6.4 机柜轨道滑动式智能小母线

1. 功能特点

对于传统列头柜来说，轨道滑动式小母线可根据不同负荷灵活分配；如需要扩容，调相（三相不平衡时），只需要调整对应插接箱，无须对配电线路做任何调整。母线采用模块化功能元件和可扩展的预制布线系统，易于扩容。

轨道滑动式小母线系统具有如下特点：

1）具备在线换相功能，能在母线系统不停电的情况下完成换相操作。

2）和传统列头柜方案相比，更有利于机房内部的走线美观。

3）强大的智能检测功能和监控功能，可以满足客户远程监控、无人值守的需求。

4）具有动热稳定性好、安全可靠、扩容方便、造型美观等特点。

5）人机友好的客户界面，使用了大屏幕的触摸式显示，方便使用。

6）不同容量规格拥有相同的外形尺寸，安装维护方便。

2. 应用场景

轨道式母线槽一般部署于数据中心机柜顶部，其应用场景如下：

（1）电力连接

1）数据中心电力采用双电源供电模式。

2）双回路电力由高电流母线由配电房将电力输送到数据中心机房。

3）双回路高电流母线输送到机房后，一般通过插接箱将电流引到每列机柜顶部末端或起始端位置，并通过电缆跟轨道式母线槽的始端箱连接。

4）一般每列机柜顶部有两列轨道式母线形成双回路给机柜同时供电，每个回路的母线承载50%的机柜负荷，当任意回路出线故障，系统自动将100%负荷切换到能正常工作的母线回路。基于成本或系统功耗考虑，有时也可将双回路的母线槽部署在两列机柜中间，并对其两侧机柜供电。

5）对每个机柜的供电由安装在轨道式母线槽上的插接箱通过工业插头将电力引导到机柜内电源分配单元（PDU）中，再由

PDU 馈电的机柜内的服务器。同样，有两路电流通过插接箱将双回路电力输送到机柜内 PDU 中。

6）采用轨道式母线槽，插接箱可以基于机柜的位置将插接箱安装于机柜对应位置，使机房插接箱跟机柜一一对应。

（2）系统控制及保护

1）机柜顶部每个回路的母线一般在电缆箱内安装保护开关保护该回路及下游设备，通过开关控制该回路电力。通过配置多功能表监控该回路电能及其质量，并且可将该回路数据上传到上位机。

2）安装在母线槽上的插接箱一般安装断路器及电能表等控制或监测单元，断路器能分别控制并保护下游对应的工业连接器，电能表能监测该插接箱下游负荷的功耗并计量电能消耗。

3. 产品主要技术参数要求

（1）设备工作环境条件

海拔：≤2000m。

日平均相对湿度（25℃）：≤90%。

（2）电气要求

1）额定工作电压 U_e：AC690V。

2）额定绝缘电压 U_i：AC690V。

3）额定频率：50/60Hz。

4）配电系统方式：3L+N+PE，中性线容量为 100% 的相线容量。

5）母线各电流等级短路性能应遵照表 6-4-1 数值。

表 6-4-1 母线各电流等级短路性能

序号	母线槽容量/A	额定短时耐受电流/kA	额定峰值短路电流/kA
1	100		
2	160		
3	250	≥10	≥17
4	400	≥20	≥40
5	600		
6	800		

（3）导体要求

1）母线槽 A、B、C、N 相导体须采用高电导率铜材，纯度≥99.9%，电导率≥97% IACS，母线槽 N 线等于 100%相线容量。

2）导体的形状应不随使用年限的增加而产生永久性形变。

（4）绝缘材料要求

1）满足 GB/T 7251 系列标准及 IEC 61439 中关于电气间隙以及爬电距离的标准。

2）母线采用空气和绝缘材料混合型绝缘，提供双重保障，绝缘性能更强。

3）母线须有一定的措施防止导体之间或导体与外壳的相对位移。

4）导体连接处应使用热固性绝缘材料加强绝缘，以保证良好的绝缘性能。同时，由于数据中心内安装有大量的对烟尘敏感的电子设备，为了保证在火灾情况下的设备安全，绝缘材料不得采用含有卤素等元素的材料。

（5）连接器要求

1）母线连接器要求为独立可移动式，便于母线的安装及拆卸。

2）母线连接器安装需有防错相设计，连接器侧板安装到位即代表相序正确。与直身安装不需要借助特殊专用安装工具，实现快速安装的同时，便于后期维护。

3）母线连接器采用双面搭接技术，以增强该部位载流能力。

4）母线连接器的设计必须满足由于热膨胀而引起母线槽的线性伸缩，而不降低母线的机械强度、电气的连接处、载流容量及短路容量等性能。

（6）安装与运维

轨道滑动式智能小母线系统主要由进线箱（端口箱）、母线段、插接箱、悬挂件、连接件、拐弯母线段（包括 T 形件和 L 形件）、智能主监控箱等部件构成，如图 6-4-1 所示。

1）插接箱安装。

准备：将插接箱与母线呈 90°，将插接头对准母线底部槽体。

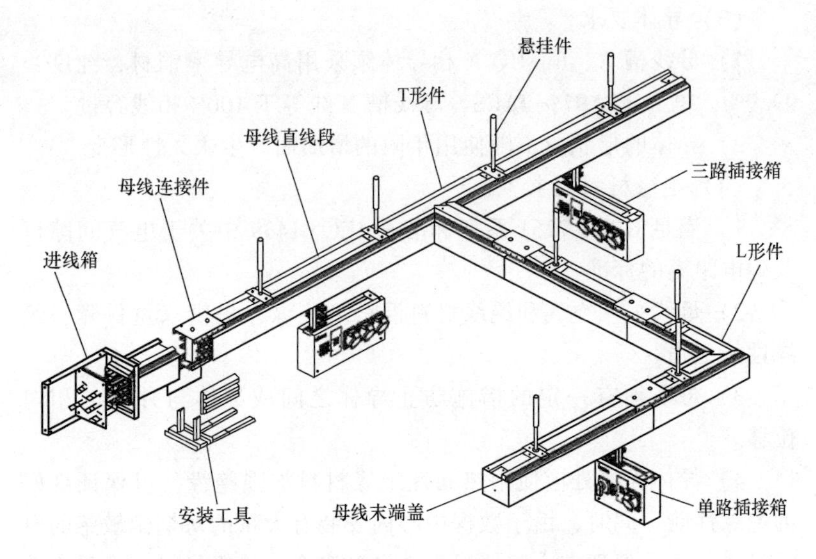

图 6-4-1　轨道滑动式智能小母线系统

注：智能主监控箱不在本段图例中表达。

插入：将插接箱竖直插入母线槽体，直至插头完全伸入到母线槽体中。

旋转：将插接箱水平旋转 90°，使插接箱盖与母线齐平，此时插头导电爪与母线紧密接触，实现从母线馈出。

锁定：上推并顺时针旋转插接箱底部的锁定钮，将插接箱与母线锁定。

2）取下插接箱。按安装的相反顺序操作即可轻松实现。

第7章　防雷、接地与安全防护

7.1　防雷系统

7.1.1　一般规定

建筑物电子信息系统宜进行雷击风险评估并采取相应的防护措施。

需要保护的电子信息系统必须采取等电位联结与接地保护措施。

建筑物电子信息系统应根据需要保护的设备数量、类型、重要性、耐冲击电压额定值及所要求的电磁场环境等情况选择下列雷电电磁脉冲的防护措施：

1）等电位联结和接地。

2）电磁屏蔽。

3）合理布线。

4）能量配合的电涌保护器防护。

新建工程的防雷设计应收集以下相关资料：

1）建筑物所在地区的地形、地物状况、气象条件和地质条件。

2）建筑物或建筑物群的长、宽、高度及位置分布，相邻建筑物的高度、接地等情况。

3）建筑物内各楼层及楼顶需保护的电子信息系统设备的分布

状况。

4）配置于各楼层工作间或设备机房内需保护设备的类型、功能及性能参数。

5）电子信息系统的网络结构。

6）电源线路、信号线路进入建筑物的方式。

7）供、配电情况及其配电系统接地方式等。

扩、改建工程除应具备上述资料外，还应收集下列相关资料：

1）防直击雷接闪装置的现状。

2）引下线的现状及其与电子信息系统设备接地引入线间的距离。

3）高层建筑物防侧击雷的措施。

4）电气竖井内线路敷设情况。

5）电子信息系统设备的安装情况及耐受冲击电压水平。

6）总等电位联结及各局部等电位联结状况、共用接地装置状况。

7）电子信息系统的功能性接地导体与等电位联结网络互连情况。

8）地下管线、隐蔽工程分布情况。

9）曾经遭受过的雷击灾害的记录等资料。

7.1.2 防雷措施

1. 建筑物的防雷分类

1）建筑物应根据建筑物的重要性、使用性质、发生雷电事故的可能性和后果，按防雷要求分为三类。

2）数据中心建筑应按《建筑物防雷设计规范》（GB 50057—2010）确定防雷类别，并按确定的防雷类别设置防雷措施及防闪电电涌侵入、防闪电感应的措施。

2. 一般防雷做法

1）建筑物防直击雷的措施：在建筑物上装设接闪网，作为接闪器。接闪网（带）应在沿屋角、屋脊、屋檐和檐角等易雷击的部位敷设。

2）接闪器：在屋顶设置接闪带，屋顶接闪连接线网格按相应防雷类别确定。

3）建筑物防止雷电感应的措施：在建筑物内的主要金属物，如设备、管道、构架、电缆金属外皮及钢窗等，应就近接至防雷接地装置或电气设备的保护接地装置上。

4）建筑物防止雷电波侵入的措施：对引入、引出建筑的电缆，在进、出建筑处将电缆金属铠装层等与电气设备的保护接地和建筑防雷接地相连；架空和直接埋地的金属管道，在进、出建筑处应与防雷接地装置相连。

5）各类防雷建筑物，当其建筑物内系统所接设备的重要性高，以及所处雷击磁场环境和加于设备的闪电电涌无法满足要求时，也应采取防雷击电磁脉冲的措施。

6）为保护变压器的高压侧绕组不受损坏，在变压器的高、低压侧各相上装设避雷器，并与接地装置相连。

7）建筑物防雷接地装置与电气保护、工作接地、防静电接地、弱电接地共享接地装置。共用接地电阻 $R \leqslant 1\Omega$。

3. 电涌保护器（SPD）的设置

1）电涌保护器的选择。配电线路设置的电涌保护器，应根据工程的防护等级和安装位置对电涌保护器的冲击放电电流、标称放电电流、最大持续运行电压等参数进行选择，同时应考虑 SPD 专用保护装置的选择，具体应符合下列规定：

① 户外配电线路进入建筑物处，在线路的总配电箱等 LPZ0A 或 LPZ0B 与 LPZ1 区交界处，应设置Ⅰ类试验的电涌保护器或Ⅱ类试验的电涌保护器作为第一级保护；在配电线路分配电箱等后续防护区交界处，可设置Ⅱ类试验的电涌保护器作为后级保护；在电子设备机房配电箱、特殊重要的电子信息设备电源端口可安装Ⅱ类或Ⅲ类试验的电涌保护器作为精细保护。使用直流电源的信息设备，视其工作电压要求，应安装适配的直流电源线路电涌保护器。

② 用于配电线路电涌保护器的冲击电流和标称放电电流的参数，宜符合表 7-1-1 的规定。

表 7-1-1　配电线路电涌保护器冲击电流和标称放电电流参数推荐值

<table>
<tr><td rowspan="4">数据中心等级</td><td colspan="2">总配电箱</td><td>分配电箱</td><td colspan="2">设备机房配电箱和需要特殊保护的电子信息设备端口处</td></tr>
<tr><td colspan="2">LPZ0 与 LPZ1 边界</td><td>LPZ1 与 LPZ2 边界</td><td colspan="2">后续防护区的边界</td></tr>
<tr><td>(10/350μs) Ⅰ类试验</td><td>(8/20μs) Ⅱ类试验</td><td>(8/20μs) Ⅱ类试验</td><td>(8/20μs) Ⅱ类试验</td><td>1.2/20μs 和 8/20μs 复合波Ⅲ类试验</td></tr>
<tr><td>I_{imp}/kA</td><td>I_n/kA</td><td>I_n/kA</td><td>I_n/kA</td><td>U_{oc}/kV/I_{sc}/kA</td></tr>
<tr><td>A 级</td><td>≥20</td><td>≥80</td><td>≥40</td><td>≥5</td><td>≥10/≥5</td></tr>
<tr><td>B 级</td><td>≥15</td><td>≥60</td><td>≥30</td><td>≥5</td><td>≥10/≥5</td></tr>
<tr><td>C 级</td><td>≥12.5</td><td>≥50</td><td>≥20</td><td>≥5</td><td>≥10/≥5</td></tr>
</table>

注：I_{imp} 为冲击电流；I_n 为标称放电电流；U_{oc} 为开路电压；I_{sc} 为短路电流。

2）瞬态电涌保护器（Transient Voltage Surge Suppressor，TVSS），也称瞬变电压脉冲抑制器，或叫瞬态浪涌抑制器，用于低压配电系统中，通常由三级组成全面的保护。

3）等级为 A、B 级的数据中心宜采用 SPD 智能监测装置，SPD 智能监测装置应具备对 SPD 工作状态及运行参数进行监测的功能，且具备通信接口可实现数据远程传输。SPD 智能监测装置由硬件智能型 SPD 监测模块和软件监控系统组成。

① 智能型 SPD 监测模块要求如下：

a. 雷击数据监测（雷击次数、雷击时间、雷击波形、雷击峰值、雷击能量信息）SPD 寿命预判/泄漏电流监测/SPD 电压监测/后备保护状态监测。

b. 本地告警功能（寿命告警/后备保护告警、阻性泄漏告警/电压告警）。

c. 供电要求采用 220（1±20%）V 供电，无需外置开关电源。

d. 结构要求：智能监测模块和电涌保护模块应采用分体式设计，同时电涌模块需具备在线插拔功能，电涌模块损坏后只需更换电涌模块，无须整体更换。

② 软件监控系统要求如下：

a. 监控系统应具有计算机软件著作权。

b. 依据《信息安全等级保护管理办法》具有信息系统安全等级保护备案证明。

c. 雷击信息显示（雷击次数、雷击时间、雷击峰值）/寿命信息显示。

d. 告警显示（寿命告警/后备保护告警、阻性泄漏告警/电压告警）。

e. 报表统计分析功能/历史记录功能。

4）电涌保护器的最大持续运行电压不应小于表 7-1-2 所规定的最小值；在电涌保护器安装处的供电电压偏差超过所规定的10%以及谐波使电压幅值加大的情况下，应根据具体情况对限压型电涌保护器提高表 7-1-2 所规定的最大持续运行电压最小值。

表 7-1-2　不同系统特征下电涌保护器所要求的最大持续运行电压最小值

电涌保护器位置	配电网络的系统特征				
	TT 系统	TN-C 系统	TN-S 系统	引出中性线的 IT 系统	无中性线的 IT 系统
每一相线与中性线之间	$1.15U_0$	不适用	$1.15U_0$	$1.15U_0$	不适用
每一相线与 PE 线之间	$1.15U_0$	不适用	$1.15U_0$	$\sqrt{3}U_0$①	相间电压
中性线与 PE 线之间	$U_0$①	不适用	$U_0$①	$U_0$①	不适用
每一相线与 PEN 线之间	不适用	$1.15U_0$	不适用	不适用	不适用

注：1. U_0 是低压系统相线对中性线的标称电压，在 220/380V 三相系统中，即相电压 220V。

2. 此表基于按现行国家标准《低压电涌保护器（SPD）　第 1 部分：低压配电系统的电涌保护器　性能要求和试验方法》GB 18802.1 做过相关试验的电涌保护器产品。

① 故障下最坏的情况，所以不需计及 15%的允许误差。

5）SPD 专用保护装置的选择。SPD 因劣化或线路发生暂时过电压时会出现短路失效，在工频短路流过 SPD 达到某一时刻时，SPD 存在起火、爆炸的风险。为了避免造成配电系统发生火灾，影响供电连续性，造成人员和财产的损失，需要给 SPD 支路前端安装低压电涌保护器专用保护装置。

低压电涌保护器专用保护装置应具备如下要求：

① 耐受安装电路 SPD 的 I_{imp} 或最大放电电流 I_{max} 或复合波下 I_{sc} 不断开。

② 分断 SPD 安装电路的预期短路电流。

③ 电源出现暂时过电压（TOV）或 SPD 出现劣化引起流入大于 5A 的危险漏电流（SPD 起火）时能够瞬时断开。

④ 应满足《低压电涌保护器专用保护装置》（NB/T 42150—2021）的要求，并提供测试报告。

⑤ 应具有中国质量认证中心出具的 CQC 认证证书。

7.2 接地系统

1. 一般规定

1）数据中心的防雷和接地设计应满足人身安全及电子信息系统正常运行的要求，并应符合现行国家标准《建筑物防雷设计规范》GB 50057 和《建筑物电子信息系统防雷技术规范》GB 50343 的有关规定。

2）保护性接地和功能性接地宜共用一组接地装置，其接地电阻应按其中最小值确定。

3）对功能性接地有特殊要求需单独设置接地线的电子信息设备，接地线应与其他接地线绝缘；供电线路与接地线宜同路径敷设。

4）数据中心内所有设备的金属外壳、各类金属管道、金属线槽、建筑物金属结构必须进行等电位联结并接地。

5）电子信息设备等电位联结方式应根据电子信息设备易受干扰的频率及数据中心的等级和规模确定，可采用 S 型、M 型或 SM 混合型。

6）采用 M 型或 SM 混合型等电位联结方式时，主机房应设置等电位联结网格，网格四周应设置等电位联结带，并应通过等电位联结导体将等电位联结带就近与接地汇集排、各类金属管道、金属线槽、建筑物金属结构等进行连接。每台电子信息设备（机柜）应采用两根不同长度的等电位联结导体就近与等电位联结网格连接。

7）等电位联结网格应采用截面面积不小于 25mm² 的铜带或裸铜线，并应在防静电活动地板下构成边长为 0.6～3.0m 的矩形网格。

8）等电位联结带、接地线和等电位联结导体的材料和最小截面面积应符合表 7-2-1 的规定。

表 7-2-1　等电位联结带、接地线和等电位联结导体的材料和最小截面面积

名称	材料	最小截面面积/mm²
等电位联结带	铜	50
利用建筑内的钢筋作为接地线	铁	50
单独设置的接地线	铜	25
等电位联结导体（从等电位联结带至接地汇集排或至其他等电位联结带，各接地汇集排之间）	铜	16
等电位联结导体（从机房内各金属装置至等电位联结带或接地汇集排，从机柜至等电位联结网格）	铜	6

9）3～10kV 备用柴油发电机系统中性点接地方式应根据常用电源接地方式及线路的单相接地电容电流数值确定。当常用电源采用非有效接地系统时，柴油发电机系统中性点接地宜采用不接地系统。当常用电源采用有效接地系统时，柴油发电机系统中性点接地可采用不接地系统，也可采用低电阻接地系统。当柴油发电机系统中性点接地采用不接地系统时，应设置接地故障报警。当多台柴油发电机组并列运行，且采用低电阻接地系统时，可采用其中一台机组接地方式。

10）1kV 及以下备用柴油发电机系统中性点接地方式宜与低压配电系统接地方式一致。当多台柴油发电机组并列运行，且低压配电系统中性点直接接地时，多台机组的中性点可经电抗器接地，也可采用其中一台机组接地方式。

2. 等电位接地

1）机房内电子信息设备应做等电位联结。等电位联结的结构形式应采用S型、M型或它们的组合（见图7-2-1）。电气和电子设备的金属外壳、机柜、机架、金属管、槽、屏蔽线缆金属外层、电子设备防静电接地、安全保护接地、功能性接地、电涌保护器接地端等均应以最短的距离与S型结构的接地基准点或M型结构的网格连接。机房等电位联结网络应与共用接地系统连接。

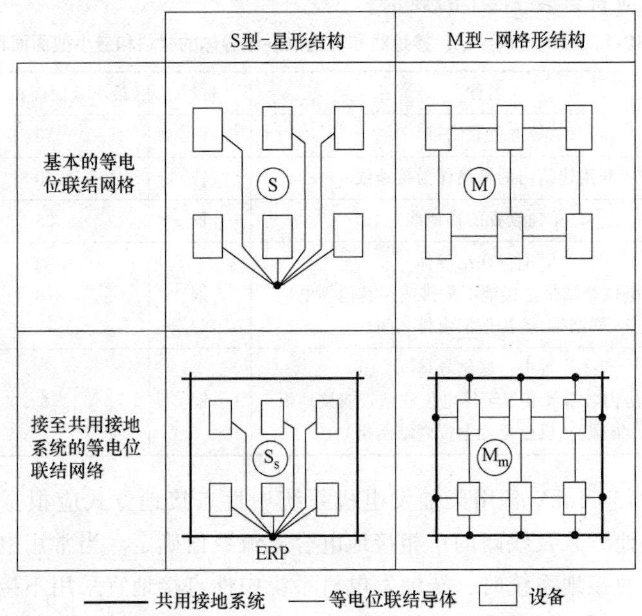

图 7-2-1　电子信息系统等电位联结网络的基本方法

ERP—接地基准点　S_s—单点等电位联结的星形结构　M_m—网状等电位联结的网格形结构

2）在$LPZ0_A$或$LPZ0_B$区与LPZ1区交界处应设置总等电位接地端子板，总等电位接地端子板与接地装置的连接不应少于两处；每层楼宜设置楼层等电位接地端子板；电子信息系统设备机房应设置局部等电位接地端子板。各类等电位接地端子板之间的连接导体宜采用多股铜芯导线或铜带。连接导体最小截面面积应符合表7-2-2的规定。各类等电位接地端子板宜采用铜带，其导体最小截面面积应符合表7-2-3的规定。

表 7-2-2　各类等电位联结导体最小截面面积

名称	材料	最小截面面积/mm^2
垂直接地干线	多股铜芯导线或铜带	50
楼层端子板与机房局部端子板之间的连接导体	多股铜芯导线或铜带	25
机房局部端子板之间的连接导体	多股铜芯导线	16
设备与机房等电位联结网络之间的连接导体	多股铜芯导线	6
机房网格	铜箔或多股铜芯导体	25

表 7-2-3　各类等电位接地端子板最小截面面积

名称	材料	最小截面面积/mm^2
总等电位接地端子板	铜带	150
楼层等电位接地端子板	铜带	100
机房局部等电位接地端子板(排)	铜带	50

3）等电位联结网络应利用建筑物内部或其上的金属部件多重互连，组成网格状低阻抗等电位联结网络，并与接地装置构成一个接地系统（见图 7-2-2）。电子信息设备机房的等电位联结网络可直接利用机房内墙结构柱主钢筋引出的预留接地端子接地。

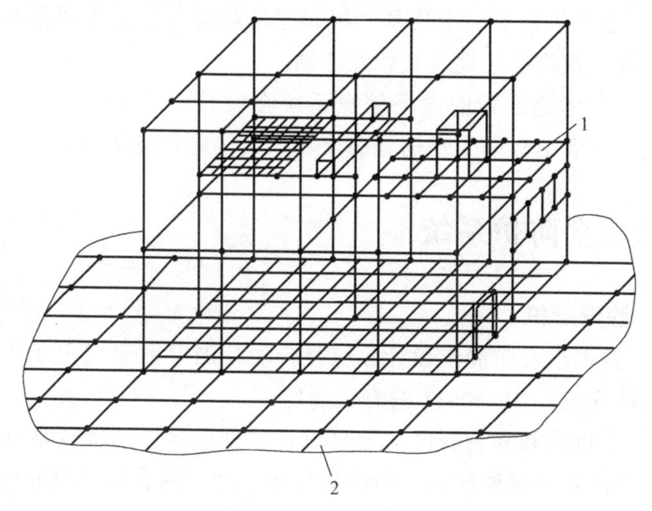

图 7-2-2　由等电位联结网络与接地装置组合构成的三维接地系统示例

1—等电位联结网络　2—接地装置

4）某些特殊重要的建筑物电子信息系统可设专用垂直接地干线。垂直接地干线由总等电位接地端子板引出，同时与建筑物各层钢筋或均压带连通。各楼层设置的接地端子板应与垂直接地干线连接。垂直接地干线宜在竖井内敷设，通过连接导体引入设备机房与机房局部等电位接地端子板连接。音、视频等专用设备工艺接地干线应通过专用等电位接地端子板独立引至设备机房。

5）防雷接地与交流工作接地、直流工作接地、安全保护接地共用一组接地装置时，接地装置的接地电阻值必须按接入设备中要求的最小值确定。

6）接地装置应优先利用建筑物的自然接地体，当自然接地体的接地电阻达不到要求时，应增加人工接地体。

7）机房设备接地线不应从接闪带、铁塔、防雷引下线直接引入。

8）进入建筑物的金属管线（含金属管、电力线、信号线）应在入口处就近连接到等电位联结端子板上。在 LPZ1 入口处应分别设置适配的电源和信号电涌保护器，使电子信息系统的带电导体实现等电位联结。

9）电子信息系统涉及多个相邻建筑物时，宜采用两根水平接地体将各建筑物的接地装置相互连通。

10）新建建筑物的电子信息系统在设计、施工时，宜在各楼层、机房内墙结构柱主钢筋处引出和预留等电位接地端子。

7.3 安全防护系统

1. 静电防护

1）数据中心防静电设计除应符合现行国家标准《电子工程防静电设计规范》GB 50611 的有关规定。

2）主机房和安装有电子信息设备的辅助区，地板或地面应有静电泄放措施和接地构造，防静电地板、地面的表面电阻或体积电阻值应为 $2.5\times10^{4}\sim1.0\times10^{9}\Omega$，且应具有防火、环保、耐污耐磨性能。

3）主机房和辅助区中不使用防静电活动地板的房间，可铺设防静电地面，其静电耗散性能应长期稳定，且不应起尘。

4）辅助区内的工作台面宜采用导静电或静电耗散材料，其静电性能指标应符合第1）条的规定。

5）静电接地的连接线应满足机械强度和化学稳定性的要求，宜采用焊接或压接。当采用导电胶与接地导体粘接时，其接触面积不宜小于20cm^2。

2. 电磁屏蔽

（1）一般规定

1）对涉及国家秘密或企业对商业信息有保密要求的数据中心，应设置电磁屏蔽室或采取其他电磁泄漏防护措施。

2）对于电磁环境要求达不到要求的数据中心，应采取电磁屏蔽措施。

3）电磁屏蔽室的结构形式和相关的屏蔽件应根据电磁屏蔽室的性能指标和规模选择。

4）设有电磁屏蔽室的数据中心，建筑结构应满足屏蔽结构对荷载的要求。

5）电磁屏蔽室与建筑（结构）墙之间宜预留维修通道或维修口。

6）电磁屏蔽室的壳体应对地绝缘，接地宜采用共用接地装置和单独接地线的形式。

（2）结构形式

1）用于保密目的的电磁屏蔽室，其结构形式分为可拆卸式和焊接式。焊接式又可分为自撑式和直贴式。

2）建筑面积小于50m^2，日后需搬迁的电磁屏蔽室，结构形式宜采用可拆卸式。

3）电场屏蔽衰减指标要求大于120dB、建筑面积大于50m^{2}的屏蔽室，结构形式宜采用自撑式。

4）电场屏蔽衰减指标要求大于60dB的屏蔽室，结构形式宜采用直贴式，屏蔽材料可选择镀锌钢板，钢板的厚度根据屏蔽性能指标确定。

5）电场屏蔽衰减指标要求大于25dB、小于或等于60dB的屏蔽室，结构形式宜采用直贴式，屏蔽材料可选择金属丝网，金属丝网的目数应根据被屏蔽信号的波长确定。

（3）屏蔽件

1）屏蔽门、滤波器、波导管、截止波导通风窗等屏蔽件，其性能指标不应低于电磁屏蔽室的性能要求，安装位置应便于检修。

2）屏蔽门可分为旋转式和移动式。一般情况下，宜采用旋转式屏蔽门。当场地条件受到限制时，可采用移动式屏蔽门。

3）所有进入电磁屏蔽室的电源线缆应通过电源滤波器进行处理。电源滤波器的规格、供电方式和数量应根据电磁屏蔽室内设备的用电情况确定。

4）所有进入电磁屏蔽室的信号电缆应通过信号滤波器或进行其他屏蔽措施处理。

5）进出电磁屏蔽室的网络线宜采用光缆或屏蔽缆线，光缆不应带有金属加强芯。

6）截止波导通风窗内的波导管宜采用等边六角形，通风窗的截面面积应根据室内换气次数进行计算。

7）非金属材料穿过屏蔽层时应采用波导管，波导管的截面尺寸和长度应满足电磁屏蔽的性能要求。

3. 剩余电流保护

对于数据中心的低压配电系统应采用TT、TN-S或TN-C-S接地形式，并进行等电位联结。为保证民用建筑的用电安全，不宜采用TN-C接地形式；有总等电位联结的TN-S接地形式系统建筑物内的中性线不需要隔离；对TT接地形式系统的电源进线开关应隔离中性线，剩余电流断路器必须隔离中性线。

第8章　火灾自动报警及消防联动控制系统

8.1　火灾自动报警系统

8.1.1　系统概述及组成

火灾自动报警系统是由触发装置、火灾报警装置、联动输出装置以及具有其他辅助功能的装置组成。它具有能在火灾初期，将燃烧产生的烟雾、热量、火焰等物理量，通过火灾探测器变成电信号，传输到火灾报警控制器，并同时以声或光的形式通知整个楼层疏散，控制器记录火灾发生的部位、时间等，使人们能够及时发现火灾，并及时采取有效措施，扑灭初期火灾，最大限度地减少因火灾造成的生命和财产的损失。

8.1.2　系统设计

1. 一般规定

1）火灾自动报警系统可用于人员居住和经常有人滞留的场所、存放重要物资或燃烧后产生严重污染需要及时报警的场所。

2）火灾自动报警系统应设有自动和手动两种触发装置。

3）火灾自动报警系统设备应选择符合国家有关标准和有关市场准入制度的产品。

4）系统中各类设备之间的接口和通信协议的兼容性应符合现行国家标准《火灾自动报警系统组件兼容性要求》GB 22134 的有

关规定。

5）任一台火灾报警控制器所连接的火灾探测器、手动火灾报警按钮和模块等设备总数和地址总数，均不应超过3200点，其中每一报警回路连接设备的总数不宜超过200点，且应留有不少于额定容量10%的余量；任一台消防联动控制器地址总数或火灾报警控制器（联动型）所控制的各类模块总数不应超过1600点，每一联动总线回路连接设备的总数不宜超过100点，且应留有不少于额定容量10%的余量。

6）系统总线上应设置总线短路隔离器，每只总线短路隔离器保护的火灾探测器、手动火灾报警按钮和模块等消防设备的总数不应超过32点；总线穿越防火分区时，应在穿越处设置总线短路隔离器。

7）高度超过100m的建筑中，除消防控制室内设置的控制器外，每台控制器直接控制的火灾探测器、手动报警按钮和模块等设备不应跨越避难层。

8）水泵控制柜、风机控制柜等消防电气控制装置不应采用变频起动方式。

2. 系统形式的选择

数据中心根据项目规模的大小一般选用集中型报警系统或控制中心型报警系统。

独栋数据中心一般选择集中型报警系统。

园区型数据中心可根据实际运维需求采用集中报警主机-区域报警分机的集中型报警系统或控制中心报警主机-集中报警分机的控制中心型报警系统架构进行设计（见图8-1-1）。

火灾自动报警系统的选择，应符合下列规定。

1）一般规定。

① 仅需要报警，不需要联动自动消防设备的保护对象宜采用区域报警系统。

② 不仅需要报警，同时需要联动自动消防设备，且只设置一台具有集中控制功能的火灾报警控制器和消防联动控制器的保护对象，应采用集中报警系统，并应设置一个消防控制室。

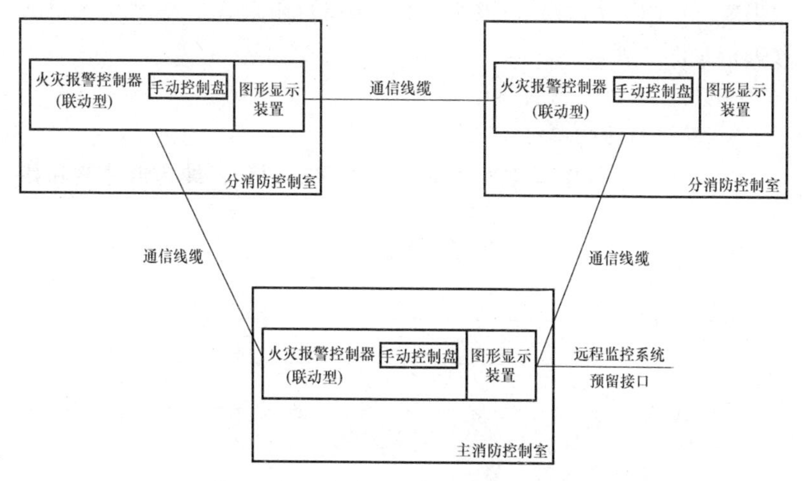

图 8-1-1　控制中心型报警系统架构图

③ 设置两个及以上消防控制室的保护对象，或已设置两个及以上集中报警系统的保护对象，应采用控制中心报警系统。

2）集中报警系统的设计，应符合下列规定：

① 系统应由火灾探测器、手动火灾报警按钮、火灾声光警报器、消防应急广播、消防专用电话、消防控制室图形显示装置、火灾报警控制器和消防联动控制器等组成。

② 系统中的火灾报警控制器、消防联动控制器和消防控制室图形显示装置、消防应急广播的控制装置、消防专用电话总机等起集中控制作用的消防设备，应设置在消防控制室内。

③ 系统设置的消防控制室图形显示装置应具有传输《火灾自动报警系统设计规范》（GB 50116—2013）附录 A 和附录 B 规定的有关信息的功能。

3）控制中心报警系统的设计，应符合下列规定：

① 有两个及以上消防控制室时，应确定一个主消防控制室。

② 主消防控制室应能显示所有火灾报警信号和联动控制状态信号，并应能控制重要的消防设备；各分消防控制室内消防设备之间可互相传输、显示状态信息，但不应互相控制。

③ 系统设置的消防控制室图形显示装置应具有传输《火灾自

动报警系统设计规范》（GB 50116—2013）附录 A 和附录 B 规定的有关信息的功能。

④ 其他设计应符合集中报警系统设计的规定。

3. 系统总线的选择

在火灾警系统中经常使用的总线形式有两种，即树形总线和环形总线。

树形总线接线方式如图 8-1-2 所示。

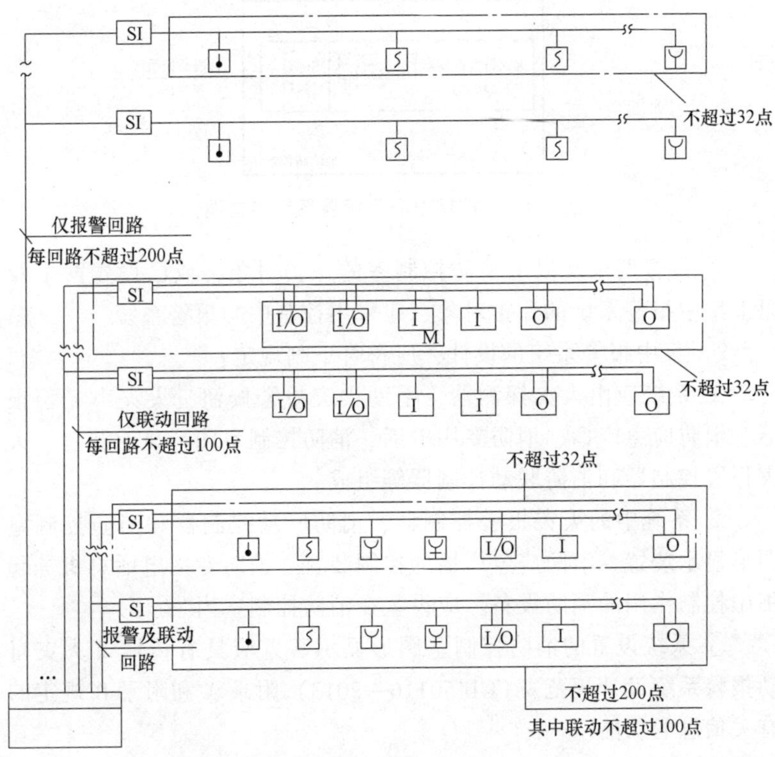

图 8-1-2　树形总线形式

树形总线的优点是每个防火分区的总线发生短路故障时，该防火分区的总线短路隔离器将会起保护作用，将故障的防火分区的所有设备与总线隔离开来，不影响其他防火分区的正常工作。缺点是当总线发生短路故障时，故障点后的所有设备将失去通信。

环形总线接线方式如图 8-1-3 所示，总线具有以下特点：

1）总线具有冗余路径。

2）总线断路时能够产生一个总线故障信号。

3）总线异常，影响总线通信功能时，需要产生一个故障信号。

4）总线单根线接地时，需要能维持总线正常功能。

5）总线单根线接地时，需要能产生一个故障信号。

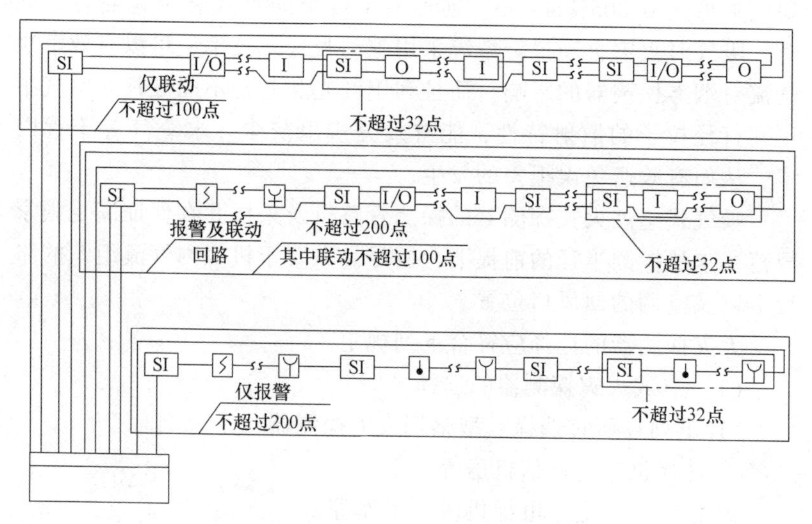

图 8-1-3　环形总线接线方式

环形总线相对于树形总线的优点在于为总线上的设备提供了一条冗余的传输路径。总线上任何点发生短路故障时，总线上的所有设备会正常工作。而任何防火分区发生短路故障时，该防火分区两端的环形总线短路隔离器会将该区域隔离保护，不会影响其他分区的正常工作，仅由短路故障的防火分区去和火灾报警控制器进行通信。

通过上述对比，数据中心应选择环形总线。

4. 火灾探测器的选择与设置

火灾探测器按探测火灾特性分类主要分为感烟探测器、感温探测器、火焰探测器、气体火灾探测器和复合火灾探测器。

在数据中心，除了采用常规的点式探测器外，根据《数据中心设计规范》（GB 50174—217）、《火灾自动报警系统设计规范》（GB 50116—2013）以及 TIA-942 的要求，机房内还应采用吸气式感烟火灾探测器。

吸气式感烟火灾探测器具有灵敏度高、探测范围广的特点，其高精度 LED 红蓝双光源探测器对颗粒的探测范围为 0.03～20μm，且颗粒的产生源对探测效果无影响。LED 红蓝双光源探测器的报警阈值可达 0.005%obs/m，远远大于传统的点式感烟探测器。同时，吸气时火灾自动报警系统采用主动吸气式技术，可以有效解决气流对烟雾探测器的影响，而且利用红光和蓝光不同波长对空气中不同直径粒子的散射特性，能有效分辨出灰尘、水蒸气等干扰因素，从而有效避免误报警的发生。

吸气式感烟火灾探测器的探测管路以及采样孔在保证满足国家规范要求的探测半径的前提下，应尽量布置于机房内气流组织的路径上以及空调的回风口位置。

火灾探测器的选择应符合下列规定。

（1）点式火灾探测器的选择

1）下列场所宜选择点型感烟火灾探测器：

① 计算机房、通信机房等。

② 楼梯、走道、电梯机房、车库等。

2）符合下列条件之一的场所，不宜选择点型离子感烟火灾探测器：

① 相对湿度经常大于 95%。

② 气流速度大于 5m/s。

③ 有大量粉尘、水雾滞留。

④ 可能产生腐蚀性气体。

⑤ 在正常情况下有烟滞留。

⑥ 产生醇类、醚类、酮类等有机物质。

3）符合下列条件之一的场所，不宜选择点型光电感烟火灾探测器：

① 有大量粉尘、水雾滞留。

② 可能产生蒸气和油雾。

③ 高海拔地区。

④ 在正常情况下有烟滞留。

4）符合下列条件之一的场所，宜选择点型感温火灾探测器，且应根据使用场所的典型应用温度和最高应用温度选择适当类别的感温火灾探测器：

① 相对湿度经常大于95%。

② 可能发生无烟火灾。

③ 有大量粉尘。

④ 吸烟室等在正常情况下有烟或蒸气滞留的场所。

⑤ 发电机房等不宜安装感烟火灾探测器的场所。

⑥ 需要联动熄灭“安全出口”标志灯的安全出口内侧。

⑦ 其他无人滞留且不适合安装感烟火灾探测器，但发生火灾时需要及时报警的场所。

5）可能产生阴燃火或发生火灾不及时报警将造成重大损失的场所，不宜选择点型感温火灾探测器；温度在0℃以下的场所，不宜选择定温探测器；温度变化较大的场所，不宜选择具有差温特性的探测器。

6）符合下列条件之一的场所，宜选择点型火焰探测器或图像型火焰探测器：

① 火灾时有强烈的火焰辐射。

② 可能发生液体燃烧等无阴燃阶段的火灾。

③ 需要对火焰做出快速反应。

7）符合下列条件之一的场所，不宜选择点型火焰探测器和图像型火焰探测器：

① 在火焰出现前有浓烟扩散。

② 探测器的镜头易被污染。

③ 探测器的“视线”易被油雾、烟雾、水雾和冰雪遮挡。

④ 探测区域内的可燃物是金属和无机物。

⑤ 探测器易受阳光、白炽灯等光源直接或间接照射。

8）探测区域内正常情况下有高温物体的场所，不宜选择单波段红外火焰探测器。

9）正常情况下有明火作业，探测器易受 X 射线、弧光和闪电等影响的场所，不宜选择紫外火焰探测器。

10）在火灾初期产生一氧化碳的下列场所可选择点型一氧化碳火灾探测器：

① 烟不容易对流或顶棚下方有热屏障的场所。

② 在棚顶上无法安装其他点型火灾探测器的场所。

③ 需要多信号复合报警的场所。

11）污物较多且必须安装感烟火灾探测器的场所，应选择间断吸气的点型采样吸气式感烟火灾探测器或具有过滤网和管路自清洗功能的管路采样吸气式感烟火灾探测器。

（2）线型火灾探测器的选择

1）无遮挡的大空间或有特殊要求的房间，宜选择线型光束感烟火灾探测器。

2）符合下列条件之一的场所，不宜选择线型光束感烟火灾探测器：

① 有大量粉尘、水雾滞留。

② 可能产生蒸气和油雾。

③ 在正常情况下有烟滞留。

④ 固定探测器的建筑结构由于振动等原因会产生较大位移的场所。

3）下列场所或部位，宜选择缆式线型感温火灾探测器：

① 电缆隧道、电缆竖井、电缆夹层、电缆桥架。

② 不易安装点型探测器的夹层、闷顶。

③ 各种传送带输送装置。

④ 其他环境恶劣不适合点型探测器安装的场所。

4）下列场所或部位，宜选择线型光纤感温火灾探测器：

① 除液化石油气外的石油储罐。

② 需要设置线型感温火灾探测器的易燃易爆场所。

③ 需要监测环境温度的地下空间等场所宜设置具有实时温度监测功能的线型光纤感温火灾探测器。

5）线型定温火灾探测器的选择，应保证其不动作温度符合设置场所的最高环境温度的要求。

（3）吸气式感烟火灾探测器的选择

1）下列场所宜选择吸气式感烟火灾探测器：

① 具有高速气流的场所。

② 点型感烟、感温火灾探测器不适宜大空间、舞台上方、建筑高度超过 12m 或有特殊要求的场所。

③ 低温场所。

④ 需要进行隐蔽探测的场所。

⑤ 需要进行火灾早期探测的重要场所。

⑥ 人员不宜进入的场所。

2）灰尘比较大的场所，不应选择没有过滤网和管路自清洗功能的管路采样式吸气感烟火灾探测器。

5. 手动火灾报警按钮的设置

1）每个防火分区应至少设置一只手动火灾报警按钮。从一个防火分区内的任何位置到最邻近的手动火灾报警按钮的步行距离不应大于 30m。手动火灾报警按钮宜设置在疏散通道或出入口处。

2）手动火灾报警按钮应设置在明显和便于操作的部位。当采用壁挂方式安装时，其底边距地高度宜为 1.3~1.5m，且应有明显的标志。

6. 区域显示器的设置

1）每个报警区域宜设置一台区域显示器（火灾显示盘）；当一个报警区域包括多个楼层时，宜在每个楼层设置一台仅显示本楼层的区域显示器。

2）区域显示器应设置在出入口等明显便于操作的部位。当采用壁挂方式安装时，其底边距地高度宜为 1.3~1.5m。

7. 火灾报警器的设置

1）火灾报警器应设置在每个楼层的楼梯口、消防电梯前室、建筑内部拐角等处的明显部位，且不宜与安全出口指示标志灯具设置在同一面墙上。

2）每个报警区域内应均匀设置火灾警报器，其声压级不应小于60dB；在环境噪声大于60dB的场所（如动力站、变配电室、机房模块等房间），其声压级应高于背景噪声15dB。

3）当火灾警报器采用壁挂方式安装时，其底边距地面高度应大于2.2m。

8. 消防应急广播的设置

数据中心内的集中报警系统和控制中心报警系统应设置消防应急广播。

1）消防应急广播扬声器的设置，应符合下列规定：

① 民用建筑内扬声器应设置在走道和大厅等公共场所。每个扬声器的额定功率不应小于3W，其数量应能保证从一个防火分区内的任何部位到最近一个扬声器的直线距离不大于25m，走道末端距最近的扬声器距离不应大于12.5m。

② 在环境噪声大于60dB的场所设置的扬声器，在其播放范围内最远点的播放声压级应高于背景噪声15dB。

③ 客房设置专用扬声器时，其功率不宜小于1W。

2）壁挂扬声器的底边距地面高度应大于2.2m。

9. 消防专用电话的设置

1）消防专用电话网络应为独立的消防通信系统。

2）消防控制室应设置消防专用电话总机。

3）多线制消防专用电话系统中的每个电话分机应与总机单独连接。

4）电话分机或电话插孔的设置，应符合下列规定：

① 消防水泵房、发电机房、配变电室、计算机网络机房、主要通风和空调机房、防排烟机房、灭火控制系统操作装置处或控制室、企业消防站、消防值班室、总调度室、消防电梯机房及其他与消防联动控制有关的且经常有人值班的机房设置消防专用电话分机。消防专用电话分机应固定安装在明显且便于使用的部位，并应有区别于普通电话的标志。

② 设有手动火灾报警按钮或消火栓按钮等处，宜设置电话插孔，并宜选择带有电话插孔的手动火灾报警按钮。

③ 各避难层应每隔20m设置一个消防专用电话分机或电话

插孔。

④ 电话插孔在墙上安装时，其底边距地面高度宜为1.3~1.5m。

5）消防控制室、消防值班室或企业消防站等处，应设置可直接报警的外线电话。

10. 模块的设置

1）每个报警区域内的模块宜相对集中设置在本报警区域内的金属模块箱中。

2）模块严禁设置在配电（控制）柜（箱）内。

3）本报警区域内的模块不应控制其他报警区域的设备。

4）未集中设置的模块附近应有尺寸不小于100mm×100mm的标志。

11. 消防控制室图形显示装置的设置

1）消防控制室图形显示装置应设置在消防控制室内，并应符合火灾报警控制器的安装设置要求。

2）消防控制室图形显示装置与火灾报警控制器、消防联动控制器、电气火灾监控器、可燃气体报警控制器等消防设备之间，应采用专用线路连接。

12. 防火门监控器的设置

1）防火门监控器应设置在消防控制室内，未设置消防控制室时，应设置在有人值班的场所。

2）电动开门器的手动控制按钮应设置在防火门内侧墙面上，距门不宜超过0.5m，底边距地面高度宜为0.9~1.3m。

3）防火门监控器的设置应符合火灾报警控制器的安装设置要求。

8.2 消防联动系统

8.2.1 系统组成

消防联动控制系统作为火灾自动报警系统的重要组成部分，一般由消防联动控制器、消防控制室图形显示装置、手动控制光盘、联动模块（包含输入模块、输出模块、输入输出模块）、消防电话、消防应急广播设备、气体灭火控制器、消防设备控制装置和消火栓按钮等系统组成。

8.2.2 系统设计

1. 一般规定

1）消防联动控制器应能按设定的控制逻辑向各相关的受控设备发出联动控制信号，并接收相关设备的联动反馈信号。

通常在火灾报警后经逻辑确认（或人工确认），联动控制器应在3s内按设定的控制逻辑准确发出联动控制信号给相应的消防设备，当消防设备动作后，将动作信号反馈给消防控制室并显示。

2）消防联动控制器的电压应采用直流24V，容量应满足受控消防设备同时起动且维持工作的控制容量要求。

3）各受控设备接口的特性参数应与消防联动控制器发出的联动控制信号相匹配。

消防联动控制器与各个受控设备之间的接口参数应能够兼容和匹配，保证系统兼容性和可靠性。

4）消防水泵、防烟和排烟风机的控制设备，除应采用联动控制方式外，还应在消防控制室设置手动直接控制装置。

消防水泵、防烟和排烟风机等消防设备的手动直接控制应通过火灾报警控制器（联动型）或消防联动控制器的手动控制盘实现，盘上的起停按钮应与消防水泵、防烟和排烟风机的控制箱（柜）直接用控制线或控制电缆连接。

5）起动电流较大的消防设备宜分时起动。

应根据消防设备的起动电流参数，结合设计的消防供电线路负荷或消防电源的额定容量，分时起动电流较大的消防设备。

6）需要火灾自动报警系统联动控制的消防设备，其联动触发信号应采用两个独立的报警触发装置报警信号的“与”逻辑组合。

要求该类设备的联动触发信号必须是两个及以上不同探测形式的报警触发装置报警信号的“与”逻辑组合。

本条是保证自动消防设备（设施）的可靠起动的基本技术要求。为防止气体、泡沫灭火系统出现误喷，本条强制性要求采用两个报警触发装置报警信号的“与”逻辑组合作为自动消防设备、设施的联动触发信号。

2. 自动喷水灭火系统的联动控制设计

自动喷水灭火系统按系统分类分为湿式系统、干式系统、预作用系统、雨淋系统及水幕系统。数据中心作为重要的电子信息设备机房，属于自动喷水灭火系统处于准工作状态时，严禁误喷或严禁管道冲水的场所。根据《数据中心设计规范》（GB 50174—2017）及《自动喷水灭火系统设计规范》（GB 50084—2017）的要求，在数据中心内主要采用预作用系统（单联锁型或充气双联锁型）。

自动喷水灭火系统的联动应符合以下规定：

（1）湿式系统和干式系统的联动控制设计

联动控制方式应由湿式报警阀压力开关的动作信号作为触发信号，直接控制起动喷淋消防泵，联动控制不应受消防联动控制器处于自动或手动状态影响。

手动控制方式应将喷淋消防泵控制箱（柜）的起动、停止按钮用专用线路直接连接至设置在消防控制室内的消防联动控制器的手动控制盘，直接手动控制喷淋消防泵的起动、停止。

水流指示器、信号阀、压力开关、喷淋消防泵的起动和停止的动作信号应反馈至消防联动控制器。

（2）预作用系统的联动控制设计（单联锁）

联动控制方式应由同一报警区域内两只及以上独立的感烟火灾探测器或一只感烟火灾探测器与一只手动火灾报警按钮的报警信号，作为预作用阀组开启的联动触发信号。由消防联动控制器控制预作用阀组的开启，使系统转变为湿式系统；当系统设有快速排气装置时，应联动控制排气阀前的电动阀的开启。湿式系统的联动控制设计应符合相关规范的规定。

手动控制方式应将喷淋消防泵控制箱（柜）的起动和停止按钮、预作用阀组和快速排气阀入口前的电动阀的起动和停止按钮，用专用线路直接连接至设置在消防控制室内的消防联动控制器的手动控制盘，直接手动控制喷淋消防泵的起动、停止及预作用阀组和电动阀的开启。

水流指示器、信号阀、压力开关、喷淋消防泵的起动和停止的动作信号，有压气体管道气压状态信号和快速排气阀入口前电动阀的动作信号应反馈至消防联动控制器。

(3) 预作用系统的联动控制设计（充气双联锁）

联动控制方式由同一报警区域内两只及以上独立感烟探测器或一只感烟探测器与一只手动火灾报警按钮的报警信号及充气管道上设置的压力开关信号作为预作用阀开启的触发信号。火警信号与压力开关信号组成“与”逻辑关系，当两组信号都动作后，开启预作用阀组，使系统转变为湿式系统。当系统设有快速排气装置时，应联动控制排气阀前的电动阀的开启。

手动控制方式应将喷淋消防泵控制箱（柜）的起动和停止按钮、预作用阀组和快速排气阀入口前的电动阀的起动和停止按钮，用专用线路直接连接至设置在消防控制室内的消防联动控制器的手动控制盘，直接手动控制喷淋消防泵的起动、停止及预作用阀组和电动阀的开启。

水流指示器、信号阀、压力开关、喷淋消防泵的起动和停止的动作信号，有压气体管道气压状态信号和快速排气阀入口前电动阀的动作信号应反馈至消防联动控制器。

3. 消火栓系统的联动控制设计

联动控制方式应由消火栓系统出水干管上设置的低压压力开关、高位消防水箱出水管上设置的流量开关或报警阀压力开关等信号作为触发信号，直接控制起动消火栓泵，联动控制不应受消防联动控制器处于自动或手动状态影响。当设置消火栓按钮时，消火栓按钮的动作信号应作为报警信号及起动消火栓泵的联动触发信号，由消防联功控制器联动控制消火栓泵的起动。

手动控制方式应将消火栓泵控制箱（柜）的起动、停止按钮用专用线路直接连接至设置在消防控制室内的消防联动控制器的手动控制盘，并应直接手动控制消火栓泵的起动、停止。

消火栓泵的动作信号应反馈至消防联动控制器。

4. 气体灭火系统、泡沫灭火系统的联动控制设计

气体灭火系统作为数据中心消防的重要组成部分，其联动控制也是重中之重。建议在机房内设置点式感烟探测器+点式感温探测器+吸气式感烟探测器的方式用于探测火情。吸气式感烟探测器仅作为预警系统使用，不与气体灭火系统进行任何联动，在火情不可见烟阶段即可向消防控制室发送火情信号，有利于火情在初期的控制，同时避免误报触发气体灭火系统。点式感烟探测器作为气体灭火系统联动的第一个联动触发信号，点式感温探测器作为气体灭火系统联动的第二个联动触发信号。

气体灭火系统、泡沫灭火系统应符合下列规定：

1）气体灭火系统、泡沫灭火系统应分别由专用的气体灭火控制器、泡沫灭火控制器控制。

2）气体灭火控制器、泡沫灭火控制器直接连接火灾探测器时，气体灭火系统、泡沫灭火系统的自动控制方式应符合下列规定：

① 应由同一防护区域内两只独立的火灾探测器的报警信号、一只火灾探测器与一只手动火灾报警按钮的报警信号或防护区外的紧急起动信号，作为系统的联动触发信号，探测器的组合宜采用感烟火灾探测器和感温火灾探测器，各类探测器应按国家规范的规定分别计算保护面积。

② 气体灭火控制器、泡沫灭火控制器在接收到满足联动逻辑关系的首个联动触发信号后，应起动设置在该防护区内的火灾声光警报器，且联动触发信号应为任一防护区域内设置的感烟火灾探测器、其他类型火灾探测器或手动火灾报警按钮的首次报警信号；在接收到第二个联动触发信号后，应发出联动控制信号，且联动触发信号应为同一防护区域内与首次报警的火灾探测器或手动火灾报警按钮相邻的感温火灾探测器、火焰探测器或手动火灾报警按钮的报警信号。

③ 联动控制信号应包括下列内容：

a. 关闭防护区域的送（排）风机及送（排）风阀门。

b. 停止通风和空气调节系统及关闭设置在该防护区域的电动

防火阀。

c. 联动控制防护区域开口封闭装置的起动，包括关闭防护区域的门、窗。

d. 起动气体灭火装置、泡沫灭火装置，气体灭火控制器、泡沫灭火控制器，可设定不大于30s的延迟喷射时间。

e. 平时无人工作的防护区，可设置为无延迟的喷射，应在接收到满足联动逻辑关系的首个联动触发信号后按规定执行除起动气体灭火装置、泡沫灭火装置外的联动控制；在接收到第二个联动触发信号后，应起动气体灭火装置、泡沫灭火装置。

f. 气体灭火防护区出口外上方应设置表示气体喷洒的火灾声光警报器，指示气体释放的声信号应与该保护对象中设置的火灾声警报器的声信号有明显区别。起动气体灭火装置、泡沫灭火装置的同时，应起动设置在防护区入口处表示气体喷洒的火灾声光警报器；组合分配系统应首先开启相应防护区域的选择阀，然后起动气体灭火装置、泡沫灭火装置。

3）气体灭火控制器、泡沫灭火控制器不直接连接火灾探测器时，气体灭火系统、泡沫灭火系统的自动控制方式应符合下列规定：

① 气体灭火系统、泡沫灭火系统的联动触发信号应由火灾报警控制器或消防联动控制器发出。

② 气体灭火系统、泡沫灭火系统的联动触发信号和联动控制均应符合相关规范的规定。

4）气体灭火系统、泡沫灭火系统的手动控制方式应符合下列规定：

① 在防护区疏散出口的门外应设置气体灭火装置、泡沫灭火装置的手动起动和停止按钮，手动起动按钮按下时，气体灭火控制器、泡沫灭火控制器应执行符合相关规范规定的联动操作；手动停止按钮按下时，气体灭火控制器、泡沫灭火控制器应停止正在执行的联动操作。

② 气体灭火控制器、泡沫灭火控制器上应设置对应于不同防护区的手动起动和停止按钮，手动起动按钮按下时，气体灭火控制

器、泡沫灭火控制器应执行符合相关规范的联动操作；手动停止按钮按下时，气体灭火控制器、泡沫灭火控制器应停止正在执行的联动操作。

5）气体灭火装置、泡沫灭火装置起动及喷放各阶段的联动控制及系统的反馈信号，应反馈至消防联动控制器及系统的联动反馈信号应包括下列内容：

① 气体灭火控制器、泡沫灭火控制器直接连接的火灾探测器的报警信号。

② 选择阀的动作信号。

③ 压力开关的动作信号。

6）在防护区域内设有手动与自动控制转换装置的系统，其手动或自动控制方式的工作状态应在防护区内、外的手动和自动控制状态显示装置上显示，该状态信号应反馈至消防联动控制器。

5. 细水雾灭火系统的联动控制设计

1）细水雾灭火系统的联动控制方式应符合下列规定：

① 应由防护区内的两个独立的火灾探测器或一只火灾探测器与一只手动火灾报警按钮的报警信号，作为细水雾灭火系统起动的联动触发信号。

② 消防控制设备应能进行远程起动、停止消防泵，并能显示消防泵的工作状态、各分区控制阀的启闭状态及细水雾喷放反馈信号。

2）细水雾灭火系统起动时应联动控制下列设备和运行，并应符合下列规定：

① 除工艺的特殊需要需保留维持系统运行的最低供给量外，防护区内的其他燃料供给应自动切断。

② 防护空间内的通风系统应联动关闭。

6. 水喷雾灭火系统的联动设计

1）联动控制方式：由同一报警区域内两只及以上独立的火灾探测器或一只火灾探测器与一只手动火灾报警按钮的报警信号作为雨淋阀开启的触发信号。由消防联动控制器控制开启雨淋阀组。出水干管上的压力开关、高位消防水箱出水管上设置的流量开关或报警阀组压力开关等信号作为触发信号，直接控制起动喷淋消防泵，联动控制不应受消防联动控制器处于自动或手动状态影响。

2）手动控制方式：雨淋消防控制箱（柜）的起动和停止按钮、雨淋阀组的起动和停止按钮，用专用线路直接连接至设置在消防控制室内的消防联动控制器的手动控制盘，直接手动控制雨淋消防泵的起动、停止及雨淋阀组的开启。水流指示器、压力开关、雨淋阀组、雨淋消防泵的起动和停止的动作信号应反馈至消防联动控制器。

7. 防烟排烟系统的联动控制设计

1）防烟系统的联动控制方式应符合下列规定：

① 应由加压送风口所在防火分区内的两只独立的火灾探测器或一只火灾探测器与一只手动火灾报警按钮的报警信号，作为送风门开起和加压送风机起动的联动触发信号，并应由消防联动控制器联动控制相关层前室等需要加压送风场所的加压送风口开启和加压送风机起动。

② 应由同一防烟分区内且位于电动挡烟垂壁附近的两只独立的感烟火灾探测器的报警信号，作为电动挡烟垂壁降落的联动触发信号，并应由消防联动控制器联动控制电动挡烟垂壁的降落。

2）排烟系统的联动控制方式应符合下列规定：

① 应由同一防烟分区内的两只独立的火灾探测器的报警信号，作为排烟口、排烟窗或排烟阀开启的联动触发信号，并应由消防联动控制器联动控制排烟口、排烟窗或排烟阀的开启，同时停止该防烟分区的空气调节系统。

② 应由排烟口、排烟窗或排烟阀开启的动作信号，作为排烟风机起动的联动触发信号，并应由消防联动控制器联动控制排烟风机的起动。

③ 防烟系统、排烟系统的手动控制方式，应能在消防控制室内的消防联动控制器上手动控制送风口、电动挡烟垂壁、排烟口、排烟窗、排烟阀的开启或关闭及防烟风机、排烟风机等设备的起动或停止，防烟、排烟风机的起动、停止按钮应采用专用线路直接连接至设置在消防控制室内的消防联动控制器的手动控制盘，并应直

接手动控制防烟、排烟风机的起动、停止。

④ 送风口、排烟口、排烟窗或排烟阀开启和关闭的动作信号，防烟、排烟风机起动和停止及电动防火阀关闭的动作信号，均应反馈至消防联动控制器。

⑤ 排烟风机入口处的总管上设置的280℃排烟防火阀在关闭后应直接联动控制风机停止，排烟防火阀及风机的动作信号应反馈至消防联动控制器。

8. 防火门及防火卷帘系统的联动控制设计

1）防火门系统的联动控制设计应符合以下规定：

① 应由常开防火门所在防火分区内的两只独立的火灾探测器或一只火灾探测器与一只手动火灾报警按钮的报警信号，作为常开防火门关闭的联动触发信号，联动触发信号应由火灾报警控制器或消防联动控制器发出，并应由消防联动控制器或防火门监控器联动控制防火门关闭。

② 疏散通道上各防火门的开启、关闭及故障状态信号应反馈至防火门监控器。

③ 防火卷帘的升降应由防火卷帘控制器控制。

2）疏散通道上设置的防火卷帘的联动控制设计应符合以下规定：

① 联动控制方式，防火分区内任两只独立的感烟火灾探测器或任一只专门用于联动防火卷帘的感烟火灾探测器的报警信号，应联动控制防火卷帘下降至距楼板面1.8m处；任一只专门用于联动防火卷帘的感温火灾探测器的报警信号，应联动控制防火卷帘下降到楼板面；在卷帘的任一侧距卷帘纵深0.5~5m内应设置不少于2只专门用于联动防火卷帘的感温火灾探测器。

② 手动控制方式，应由防火卷帘两侧设置的手动控制按钮控制防火卷帘的升降。

3）非疏散通道上设置的防火卷帘的联动控制设计，应符合下列规定：

① 联动控制方式，应由防火卷帘所在防火分区内任两只独立的火灾探测器的报警信号，作为防火卷帘下降的联动触发信号，并

应联动控制防火卷帘直接下降到楼板面。

② 手动控制方式，应由防火卷帘两侧设置的手动控制按钮控制防火卷帘的升降，并应能在消防控制室内的消防联动控制器上手动控制防火卷帘的降落。

③ 防火卷帘下降至距楼板面1.8m处、下降到楼板面的动作信号和防火卷帘控制器直接连接的感烟、感温火灾探测器的报警信号，应反馈至消防联动控制器。

9. 电梯的联动控制设计

1）消防联动控制器应具有发出联动控制信号强制所有电梯停于首层或电梯转换层的功能。

2）电梯运行状态信息和停于首层或转换层的反馈信号，应传送给消防控制室显示，轿厢内应设置能直接与消防控制室通话的专用电话。

10. 火灾警报和消防应急广播系统的联动控制设计

1）火灾自动报警系统应设置火灾声光警报器，并应在确认火灾后起动建筑内的所有火灾声光警报器。

2）未设置消防联动控制器的火灾自动报警系统，火灾声光警报器应由火灾报警控制器控制；设置消防联动控制器的火灾自动报警系统，火灾声光警报器应由火灾报警控制器或消防联动控制器控制。

3）公共场所宜设置具有同一种火灾变调声的火灾声警报器；具有多个报警区域的保护对象，宜选用带有语音提示的火灾声警报器。

4）火灾声警报器设置带有语音提示功能时，应同时设置语音同步器。

5）同一建筑内设置多个火灾声警报器时，火灾自动报警系统应能同时起动和停止所有火灾声警报器工作。

6）火灾声警报器单次发出火灾警报时间宜为8~20s，同时设有消防应急广播时，火灾声警报应与消防应急广播交替循环播放。

7）集中报警系统和控制中心报警系统应设置消防应急广播。

8）消防应急广播系统的联动控制信号应由消防联动控制器发

出。当确认火灾后，应同时向全楼进行广播。

9）消防应急广播的单次语音播放时间宜为10~30s，应与火灾声警报器分时交替工作，可采取1次火灾声警报器播放、1次或2次消防应急广播播放的交替工作方式循环播放。

10）在消防控制室应能手动或按预设控制逻辑联动控制选择广播分区，起动或停止应急广播系统，并应能监听消防应急广播。在通过传声器进行应急广播时，应自动对广播内容进行录音。

11）消防控制室内应能显示消防应急、广播的广播分区的工作状态。

12）消防应急广播与普通广播或背景音乐广播合用时，应具有强制切入消防应急广播的功能。

11. 消防应急照明和疏散指示系统的联动控制设计

1）集中控制型消防应急照明和疏散指示系统，应由火灾报警控制器或消防联动控制器起动应急照明控制器实现。

2）当确认火灾后，由发生火灾的报警区域开始，顺序起动全楼疏散通道的消防应急照明和疏散指示系统，系统全部投入应急状态的起动时间不应大于5s。

12. 相关联动控制设计

1）数据中心作为重要数据的存储场所，火警系统自动切除非消防电源的重要负荷的误动作，会给数据中心带来重大经济损失。

切断数据中心IT设备及其相关关键设备的非消防电源的联动控制设计，建议由专业管理人员确认火情后，在消防控制室手动远程确认切断。

2）消防联动控制器应具有切断火灾区域及相关区域的非消防电源的功能，当需要切断正常照明时，宜在自动喷淋系统、消火栓系统动作前切断。

3）消防联动控制器应具有自动打开涉及疏散的电动栅杆等的功能，宜开启相关区域安全技术防范系统的摄像机监视火灾现场。

4）消防联动控制器应具有打开疏散通道上由门禁系统控制的门和庭院电动大门的功能，并应具有打开停车场出入口挡杆的功能。

8.3 消防设备选型

8.3.1 设备选型原则

数据中心火灾自动报警系统优先选择国际品牌和国内生产的主流产品，并且具有国际和国内消防认证的消防报警系统。

为了系统管理的高效率及救灾的及时性，核心系统要求能够互联互通。智慧消防系统、火灾报警系统、电气火灾监控系统、消防电源监控系统和防火门监控系统优先选择同品牌同系列产品。

8.3.2 系统硬件

为了保障系统的可靠性及兼容性，火灾报警控制器、感烟探测器、感温探测器、火焰探测器、红外对射探测器、防爆感烟探测器、防爆感温探测器、输入模块、输入输出模块、手动报警装置、消火栓按钮、气体灭火控制器均应为同一生产企业产品。

系统必须具有报警响应周期短，误报率低，维护简便，自动化程度高，故障自动检测，配置方便（随时增减设备），广播、电话清晰等优点。

现场设备具有标志牌，标志牌上注明该设备所处的控制器编号、回路编号及设备编号，应清晰可见。

火灾探测器的技术性能必须符合现行国家标准，满足国家相关规范的技术要求及试验方法。火灾探测器所具有独特的性能必须经国家消防电子产品质量监督检测中心测试认可，投标时必须提供中国国家消防电子产品质量监督检验中心颁发的该产品完整的型式检验合格报告。

1. 火灾报警控制器

1）火灾报警控制器（包括输入/输出模块）的技术性能必须符合国家标准区域火灾报警控制器技术要求及试验方法。火灾报警控制器检验项目包括主要部件检查、基本功能、通电、电源、电瞬变脉冲、电源瞬变、绝缘电阻、耐压、静电放电、辐射电磁场、高温、低温、振动（正弦）、冲击、恒定湿热、低温储存、碰撞试验。

2）火灾报警控制器为智能型火灾报警控制器（具备自动寻址功能），探测器和模块应支持混合编址技术。

3）采用模块化结构，方便组合不同回路，满足不同点数要求。每个回路的探测器点数需预留不少于30%的探测器地址余量。

4）火灾报警控制器应有强大的联网能力和网络扩充能力，要求报警信号在区域满负荷的情况下响应时间应小于3s。

5）火灾报警控制器的各模块都内置有微处理器和存储系统，任何一个模块的微处理器的单独故障都不能影响到控制器整体的火灾报警功能。

6）火灾报警控制器具有断电信息保持功能，所有资料在断电时要保证不能丢失，并应具有高度的自我诊断能力并显示诊断信息。

7）配有联动控制卡，自动控制相应的联动设备起停，控制相关系统（包括但不限于广播系统、闭路电视监控系统、门禁系统、停车库管理系统、低压配电系统、消防排烟系统、暖通空调系统、自动喷淋及水灭火系统、电梯系统）做出相应动作，也可实现轻触按钮手动控制，可显示被控设备状态。

8）对不在同一控制器下的消防联动设备，能够实现跨控制器联动。

9）含操作键盘，能进行面板全功能编程，不得中断火灾报警控制系统的正常监控功能。

10）通过编程软件对系统进行编程和系统维护时，可以从线路上的任何一个节点上传、下载数据库。

11）支持报警控制回路环形及环形带分支结构。

12）支持管理层光纤环网结构，可联网的台数满足工程全部报警及控制要求。

13）火灾报警控制器自动监测、报告区域内探测器的运作情况，当某个探测器已到了需要清洁的时候，在控制器的显示屏上将显示需维护的探测器种类和地址，如果没有得到及时的清洁，到一定的时间将在显示屏上显示该探测器的故障信息。当探测器发生其他故障（如开路、短路），在将其隔离的同时，显示故障信息。

14）具有较大的LCD，并可以采用中文显示区域内的各种信息。显示器显示火警或故障的名称、日期、时间、地址和原因。火灾报警控制器自动监测、报告区域内信号线、警铃线等是否开路、短路、断路，消防设施采用的直流电源是否正常，如一旦发现故障，故障原因、故障位置将在显示屏上显示。分控中心控制器能在自身显示屏上显示本区域的所有报警信号，各种故障信号（探测器故障，线路开路、短路等）以及本区域消防设备工作状况。总控中心能在自身显示屏上显示本项目所有的报警信号、故障信号，以及所有的消防设备工作状况。同时可汇总不同类型的报警，按日期、时间、地址号和报警内容等历史记录检索显示和打印。

15）火灾优先功能：当同时出现火灾及故障信号时，优先转入火灾报警。

16）控制器面板上需安装一台微型打印机（用于打印报警及系统故障信号，打印字体为简体中文）。可根据不同的内容归类选择打印，也可以外接计算机彩色图形显示装置和打印机。

17）火灾报警控制器带有较大文件存储器，最少能储存5000条历史记录，历史记录不会因控制器断电而丢失，除非对记录做出修改。

18）火灾报警控制器内设有24V直流供电，并有充电器和备用电池，当主电源故障或停电，控制器自动转为备用电池供电，电池容量至少可维持正常操作24h及1h报警用。

19）区域内产生开路或短路故障时，探测器和模块具备隔离功能将故障器件隔离在外，不影响系统运作。

20）火灾报警控制器采用机柜式安装方式，柜门应带控制锁，防止外人非法使用，内部操作应能设置多级密码保护，以满足不同权限的操作和设定。

21）可以根据预先设计的程序按防火分区和火势范围进行相应的联动操作。

22）具有高精度时钟，用来显示火警和故障发生的正确日期和时间。

2. 感烟/烟温复合探测器

1）感烟探测器需为智能型光电感烟探测器，为了保证报警的及时性和可靠性，探测器应内置处理器。

2）探测器采用软件自动编址技术，产品标签上自带可撕式编码贴，简便安装过程，提高安装可靠性，方便工程调试。

3）有明显可视的状态指示灯，应360°清晰可见。

4）探测器采用工业蜡封保护，起到防水防潮作用。潮湿场合底座上还可选配原厂防水密封垫，防止任何液体从底座的进线孔进入探测器，对探测器触点和底座造成长时间腐蚀，导致损害。

5）内置短路隔离器，当回路总线上任意一点发生线路短路时能自动隔离短路线路，不对系统正常工作造成任何影响，并显示短路位置，方便查找和排除故障。

6）为了保证现场设备在严酷环境下的可靠性，应具有不低于30V/m抗电磁干扰能力，并提供证明文件。

7）探测器采用可靠的迷宫结构和智能火灾识别算法，保证准确、快速的火灾探测。

8）拥有FM或VDS认证。

3. 感温探测器

1）感温探测器需为智能型感温探测器，为了保证报警的及时性和可靠性，探测器应内置处理器。

2）具备定温和差定温探测功能，并可软件编程设定定温与差定温功能的选择。

3）探测器采用软件自动编址技术，产品标签上自带可撕式编码贴，简便安装过程，提高安装可靠性，方便工程调试。

4）有明显可视的状态指示灯，应360°清晰可见。

5）探测器采用工业蜡封保护，起到防水防潮作用。潮湿场合底座上还可选配防水密封垫，防止任何液体从底座的进线孔进入探测器，对探测器触点和底座造成长时间腐蚀，导致损害。

6）内置短路隔离器，当回路总线上任意一点发生线路短路时能自动隔离短路线路，不对系统正常工作造成任何影响，并显示短路位置，方便查找和排除故障。

7）为了保证现场设备在严酷环境下的可靠性，应具有不低于30V/m抗电磁干扰能力，并提供证明文件。

8）拥有FM或VDS认证。

4. 空气采样极早期感烟探测系统

1）应采用较为先进的激光光源作为探测器光源。

2）系统灵敏度，极高的灵敏度，比传统感烟探测器灵敏度高1000倍。

3）事件记录显示，对于报警（包括火灾报警及故障）及其他事件，系统软件应有详细的存储记录供查询，应至少可存储10000条事件。

4）系统设置可通过LCD显示编程模块实施现场编程、远程编程及PC编程。

5）选用设备需要提供针对现场不同烟雾浓度的报警级别，并应在现场烟雾达到预先设置的报警级别时，发出相应的警报。报警级别不应少于4级，报警灵敏度的设置范围不应小于（0.004~20)%obs/m。

6）集中监控接入功能，监控中心应能够实施全部远端站点的实时监控，并可以对各类报警、故障、操作等信息实施管理。

7）主机提供RS232/RS485等标准通信接口，并通过此标准通信接口集成至传统报警控制器（FAS)、机房环境控制系统（EMS）等系统。

8）本设备要求为智能型探测处理系统，具有可靠的故障判断功能，且具备布线简单、集中度高、操作方便、安全可靠等特点。

9）自诊断，系统应能对采样管、传输线路和探测器等整个系统部件进行全面的故障巡检，并能及时给出故障报警信息，以保持系统运行的高可靠性。

10）空气采样烟雾探测报警器应具有抗高温、抗潮湿、抗振动、抗强电磁场干扰等特点。

11）技术指标如下：

① 最大采样管数量：4个。

② 工作电压：DC 18~30V。

③ 工作电流：正常工作电流 240.0mA，起动最大电流 300.0mA。

④ 使用环境温度：-20~+55℃。

⑤ 相对湿度：0~95%无凝露。

⑥ 编程继电器：9 个。

⑦ 报警级别：4 级（预警、行动、火警 1、火警 2）。

⑧ 最大采样导管长度：每根管最长 100m，总计管长度 200m。

⑨ 继电器：额定值为 2A/DC 30V，可编程为锁定或非锁定状态。

5. 探测器远程指示灯

1）须为探测器同品牌的成熟产品，不接受非标产品。

2）指示灯外表为红色，为了保证两点，指示灯至少内置两个 LED 发光体。

3）防护等级不低于 IP40。

6. 输入模块

1）输入模块为智能型产品，采用软件自动编址技术，产品标签上自带可撕式编码贴，简便安装过程，提高安装可靠性，方便工程调试。

2）内置 CPU，可直接接入控制回路总线。

3）内置短路隔离器，当回路总线上任意一点发生线路短路时能自动隔离短路线路，不对系统正常工作造成任何影响，并显示短路位置，方便查找和排除故障。

4）为了保证现场设备在严酷环境下的可靠性，应具有不低于 30V/m 抗电磁干扰能力，并提供证明文件。

5）采用工业蜡封保护，起到防水防潮作用。

6）一路可监视无源干触点输入，可以监视常开或常闭信号。

7）能够监视输入线路的开路或短路故障（需连接终端电阻）。

8）LED 指示灯显示输入状态。

9）拥有 FM 或 VDS 认证。

7. 输入输出模块

1）控制模块及信号输入输出模块为智能型产品，采用软件自动编址技术，产品标签上自带可撕式编码贴，简便安装过程，提高安装可靠性，方便工程调试。

2）内置 CPU，可直接接入控制回路总线。

3）内置短路隔离器，当回路总线上任意一点发生线路短路时能自动隔离短路线路，不对系统正常工作造成任何影响，并显示短路位置，方便查找和排除故障。

4）为了保证现场设备在严酷环境下的可靠性，应具有不低于30V/m 抗电磁干扰能力，并提供证明文件。

5）采用工业蜡封保护，起到防水防潮作用。

6）一路可监视无源干触点输入，可以监视常开或常闭信号；一路可监视控制输出（起动时不监视），可以正常模式或逆向模式输出，输出有源信号（DC 24V@2A）或干触点信号。

7）能够监视输入线路和输出线路（起动时不监视）的开路或短路故障（需连接终端电阻）。

8）LED 指示灯显示输入/输出状态。

9）拥有 FM 或 VDS 认证。

8. 手动报警按钮

1）手动报警按钮均为智能型产品，采用软件自动编址技术，产品标签上自带可撕式编码贴，简便安装过程，提高安装可靠性，方便工程调试。

2）内置 CPU，可直接接入控制回路总线。

3）内置短路隔离器，当回路总线上任意一点发生线路短路时能自动隔离短路线路，不对系统正常工作造成任何影响，并显示短路位置，方便查找和排除故障。

4）为了保证现场设备在严酷环境下的可靠性，应具有不低于30V/m 抗电磁干扰能力，并提供证明文件。

5）手动报警装置自带的电话插孔应符合《消防联动控制系统》（GB 16806—2006）的要求，带电话状态指示灯。

6）采用工业蜡封保护，起到防水防潮作用。

7）外表为红色，内有明显的图示使用方法说明。

8）为了节省日后维护成本，按钮采用可复位下压式操作面板

（非破玻璃式），使用复位钥匙进行复位。按下操作面板即报火警并点亮红色确认灯。

9. 消火栓按钮

1）消火栓手动按钮均为智能型产品，采用软件自动编址技术，产品标签上自带可撕式编码贴，简便安装过程，提高安装可靠性，方便工程调试。

2）内置CPU，可直接接入控制回路总线。

3）内置短路隔离器，当回路总线上任意一点发生线路短路时能自动隔离短路线路，不对系统正常工作造成任何影响，并显示短路位置，方便查找和排除故障。

4）为了保证现场设备在严酷环境下的可靠性，应具有不低于30V/m抗电磁干扰能力，并提供证明文件。

5）采用工业蜡封保护，起到防水防潮作用。

6）外表为红色，内有明显的图示使用方法说明。

7）为了节省日后维护成本，按钮采用可复位下压式操作面板（非破玻璃式），使用复位钥匙进行复位。按下操作面板直接输出干触点信号直接起动消防泵，消火栓按钮内部的红色LED指示灯亮；消防水泵起动后，输出DC 24V点亮消火栓按钮内部的绿色LED指示灯。

10. 空气采样探测器

1）为了保障探测的可靠性，探测器应采用红外光和蓝光双光源作为探测光源。

2）为了最大限度地简化安装过程，保障空气采样探测器和报警系统的兼容性。探测器应可以不通过任何接口设备，直接接入火灾报警回路总线，和报警系统融合成一个有机的整体。

3）探测器应具有对每根采样进气管路的气流状态进行实时监测的功能，并应在气流值到达预先设置的报警级别时，发出相应的气流报警。报警级别不应少于4级。

4）探测器支持4~20mA模拟量信号输出。

5）探测器应具有历史事件记录功能，事件类型应包括烟雾及故障报警、控制操作记录及现场烟雾浓度值变化信息等，每台探测器可存储的事件数不应少于30000条。

6）探测器应通过中国国家消防电子产品质量监督检验中心按照《特种火灾探测器》（GB 15631—2008）标准的检测且取得3C认证证书，并应通过VDS或FM认证。

7）技术参数如下：

① 供电电压：DC 19 ~30V。

② 电流消耗：150~250mA（报警状态可增加）。

③ 环境温度：探测器环境工作温度-20~60℃。

④ 相对湿度：5%~95%（无凝露）。

⑤ 灵敏度可调范围：(0.03~20)%obs/m。

11. 声光报警器

1）声光报警器可直接由有源的DC 24V常开触点进行控制，工作电流≤120mA。安全工作电压范围为DC 22~26V。

2）光电转换率高，频闪寿命大于100000次，可连续工作48h以上。

3）闪光放出的能量≥1.2J，闪光周期≤2.0s。

4）外表为红色。

12. 广播控制器

1）可以通过按键，对最多不少于24路广播区域进行控制。

2）录音时间不小于60min，最大不少于256段。

3）使用SD卡作为存储介质的MP3播放器。

4）供电电源DC 24V，耗电小于1A。

5）信噪比大于35dB。

6）频率响应：125~8000Hz。

13. 广播功率放大器

1）采用数字逻辑控制技术，触摸按键，操作简洁直观。

2）250W单声道定压式音频功率放大器。

3）32级音量数字控制，无磨损，超长寿命，音量存储记忆，开机自动赋值。

4）音量和输出电平采用LED条形显示表。

5）高速反应锁存式输出过负荷保护、输出短路保护，自动复原。

6）具有输入过电压和输出过电压保护电路，有效防止意外操作造成的功放损坏。

7）开机延时输出保护。

8）交流 220V 或直流 24V 供电，具有交流断电或欠电压自动切换直流供电功能。

9）外控启动端口自动上电，能够实现语音报警广播的联动功能。

10）定压 120V 输出。

14. 吸顶式扬声器

1）定压 120V 输入方式。

2）额定功率：3W。

3）额定频率范围：80~20000Hz。

4）特性灵敏度级：（90±3）dB。

15. 号角式扬声器

1）额定功率：10W。

2）声压级：89dB。

3）额定阻抗：8Ω。

4）谐振频率：920Hz。

5）有效频率范围：700Hz~7kHz。

16. 消防对讲电话主机及分机

（1）主机

1）主机为分机供电。

2）主机与分机能进行全双工通话。

3）主机可容纳 100 个地址编码。

4）收到分机呼叫时，主机发出声、光呼叫信号，并显示分机部位。

5）主机可同时呼叫多部分机，并与任意一部分机或多部分机进行通话，同时通话分机不少于两部。

6）主机可同时接受多部分机的呼叫，主机可选择与任意一部分机或多部分机进行通话，同时通话分机不少于两部。

7）正在与分机通话的主机能接受其他分机的呼叫。

8）正在与分机通话的主机能呼叫其他分机。

9）主机能终止与任意分机的通话。

10）主机具有自动录音功能，记录主机与分机的全部通话过程。

（2）分机

1）分机在正常监视状态下有光指示。

2）分机与主机可进行全双工通话。

3）分机摘机即自动呼叫主机，主机应答后可进行通话。

4）分机在收到主机呼叫时，发出振铃声并伴有光指示。

5）分机采用壁挂式安装方式。

17. 消防电话插孔

1）塑料面板，与手动报警按钮贴近安装。

2）符合《消防联动控制系统》（GB 16806—2006）中关于电话插孔的要求。

18. 手动控制盘

1）应按消防规范要求设置手动控制盘。

2）一般情况下，手动控制柜应与主机装在同一立柜上，如果因控制设备太多无法装在一个柜体上，可另拼接一个手动控制柜。

3）手动控制柜应能控制消防设备。消火栓泵、喷淋泵、排烟风机、正压送风机、消防补风机能手动直接连线控制（不通过火灾自动报警主机）。所有被监控设备的动作信号，故障信号都能在手动柜上显示。

19. 线缆

1）火灾自动报警系统的传输线路和50V以下供电的控制线路，应采用电压等级不低于交流250V的铜芯绝缘导线或铜芯电缆。采用交流220/380V的供电和控制线路应采用电压等级不低于交流500V的铜芯绝缘导线或铜芯电缆。

2）火灾自动报警系统的传输线路的线芯截面面积选择，除应满足自动报警装置技术条件的要求外，还应满足机械强度的要求。铜芯绝缘导线、铜芯电缆线芯的截面面积参见招标图纸的要求。

3）火灾探测器的传输线路，应选择不同颜色的绝缘导线或电缆，以便区分不同类型的线路。正极“+”线应为红色，负极“-”线应为蓝色。同一工程中相同用途导线的颜色应一致，接线端子应有标号。

20. 接线端子箱、模块箱

1）设备外壳箱体表面平整度在 $1m^2$ 面积内凹凸不能超过1mm。

2）设备外壳箱体表面折角处不能有皱纹、裂纹、毛刺、焊接等痕迹。门与门框的缝隙不超过1.5mm，且四周缝隙均匀。门应开启灵活，不能有卡阻现象。

3）接线端子箱及模块箱需预留不少于30%的安装空间，便于以后扩展。

21. UPS

1）电网断电前后输出的波形是连续的正弦波，输出的电压波形畸变率不大于3%，充电电流自动控制，具有过电流、过温、短路保护功能。

2）连续在线运行，并有在线系统自动测试。

3）输入电压：单相，AC 160~276V，45~65Hz。

4）输出电压：单相，AC 220V 电压稳定度：±3%。

5）频率：50Hz；频率稳定度：±0.5Hz。

6）容量：由投标单位根据产品的容量配置，以满足本系统要求。

7）后备时间：3h。

8）切换时间：小于3ms。

22. 箱体加工要求

1）设备外壳箱体表面在喷塑前必须进行酸洗、磷化处理和热镀锌处理。按国家标准，外表面达到2级，内表面达到4级。喷塑表面应是哑光，色泽均匀。

2）箱内接线端子排应考虑接线牢固，每端子只能接一根线，端子排按不同的类别及电压等级分开布置，并留有相应的接线编号或标记。

3）系统调试完成后，在箱门的内侧应粘贴相应的接线示意图。

4）箱体防护等级应不低于 IP44。

8.3.3 系统软件

1. 总体要求

1）必须提供最新的中文版本（全汉化）软件。

2）必须为合法的正版软件。

3）具有独立的操作系统，可进行系统（或区域）组态、参数设置及修改。

4）图形监视软件、系统维护软件、系统编程软件必须是由火灾报警控制器供应商原厂开发的产品。

5）图形监视平台不能作为消防报警系统网络系统的上位机，它的工作正常与否不能影响到消防报警系统网络中任意控制器的正常监控。

6）通过不多于 3 次的点击可以找到任何一个场所的平面图。

7）提供历史数据记录的自动备份功能。

8）每一个报警地址码都必须定义为相应的中文平面位置及名称。当火警或故障发生时，屏幕自动切换到发生火警或故障的区域平面图，显示被激活的设备状态（文字和图像），并自动记录保存在存储单元内。

2. 图形工作站软件的基本功能

1）系统必须具备很高的可靠性和一定的实时性；采用成熟、先进的开发平台，采用多任务工业标准技术，保证其开放性和可扩展性，使得系统的开发和集成变得十分简便；设计符合标准化、规范化要求；广泛采用分布处理技术和冗余技术；具有良好的可移植性、可扩性，便于功能和系统的扩充和升级，并充分保护用户投资，使系统能适应功能的增加和规模的扩充要求。

2）可通过传输设备将信息传输至城市火灾网络监控中心。

3）两路 USB 接口，可以连接打印机等外部扩展设备。

4）17in（1in＝25.4mm）工业级液晶显示器。

5）单体琴台式机箱。

6）实时在线状态监控，以图形和文字的方式显示火警、故障、起动等各类事件。

7）实现历史记录查询及打印，具有历史记录自动/手动备份功能，历史记录容量：10000条（自动备份功能）。

8）提供模拟测试功能。

9）支持AutoCAD矢量图文件及位图文件可直接导入，支持矢量图（.wmf格式）无级缩放，动态显示监控对象状态。

8.4 其他

8.4.1 电气火灾监控系统

1. 系统概述

电气火灾监控系统由电气火灾控制器、电气火灾监控探测器和火灾声警报器组成。该系统实现电气火灾的早期预防，避免电气火灾的发生。

2. 系统设计

电气火灾监控系统作为一个独立的子系统，属于火灾预警系统。在数据中心中，由于用电设备较多，通常采用非独立式电气火灾监控探测器，通过与设置在消防控制室内的电气火灾监控设备进行联网并传输至消防控制室图形显示装置或火灾报警控制器上，实现集中监测。

电气火灾监控系统在设计中应符合下列规定：

（1）一般规定

1）电气火灾监控系统应根据建筑物的性质及电气火灾危险性设置，并应根据电气线路敷设和用电设备的具体情况，确定电气火灾监控探测器的形式与安装位置。在无消防控制室且电气火灾监控探测器设置数量不超过8只时，可采用独立式电气火灾监控探测器。

2）非独立式电气火灾监控探测器不应接入火灾报警控制器的

探测器回路。

3）在设置消防控制室的场所，电气火灾监控器的报警信息和故障信息应在消防控制室图形显示装置或具有集中控制功能的火灾报警控制器上显示，但该类信息与火灾报警信息的显示应有区别。

4）电气火灾监控系统的设置不应影响供电系统的正常工作，不宜自动切断供电电源。

5）当线型感温火灾探测器用于电气火灾监控时，可接入电气火灾监控器。

（2）剩余电流式电气火灾监控探测器的设置

1）应选择一体化的剩余电流式电气火灾监控探测器。在不通过任何其他电气火灾监控探测器的情况下，可以直接接入电气火灾监控主机的回路。剩余电流式电气火灾监控探测器应以设置在低压配电系统首端为基本原则，宜设置在第一级配电柜（箱）的出线端。在供电线路泄漏电流大于500mA时，宜在其下一级配电柜（箱）设置。

2）剩余电流式电气火灾监控探测器不宜设置在IT系统的配电线路和消防配电线路中。

3）选择剩余电流式电气火灾监控探测器时，应计及供电系统自然漏流的影响，并应选择参数合适的探测器。探测器报警值宜为300~500mA。

4）具有探测线路故障电弧功能的电气火灾监控探测器，其保护线路的长度不宜大于100m。

（3）测温式电气火灾监控探测器的设置

1）测温式电气火灾监控探测器应设置在电缆接头、端子、重点发热部件等部位。

2）保护对象为1000V及以下的配电线路，测温式电气火灾监控探测器应采用接触式布置。

3）保护对象为1000V以上的供电线路，测温式电气火灾监控探测器宜选择光栅光纤测温式或红外测温式电气火灾监控探测器，光栅光纤测温式电气火灾监控探测器应直接设置在保护对象的表面。

(4) 电气火灾监控器的设置

1) 设有消防控制室时，电气火灾监控器应设置在消防控制室内或保护区域附近；设置在保护区域附近时，应将报警信息和故障信息传入消防控制室。

2) 未设消防控制室时，电气火灾监控器应设置在有人值班的场所。

8.4.2 消防电源监控系统

1. 系统概述

消防电源监控系统是在消防设备电源发生过电压、欠电压、过电流、断相等故障时能发出报警信号的监控系统。

根据《火灾自动报警系统设计规范》(GB 50116—2013)，消防电源监控系统应由下列部分或者全部监控装置组成：监控器、电压传感器、电流传感器、电压/电流传感器。在设置有消防监控室的场所内，监控器应设置在消防控制室内；在无消防控制室的场所，监控器应设置在有人值班的场所。

(1) 一般规定

传感器应采用末端设置，传感器监控的消防电源应该包括表 8-4-1 规定的消防设施。

表 8-4-1 传感器监控的消防电源

设施名称	监控内容
消火栓(消防炮)系统	消防水泵电源
自动喷水灭火系统、水幕、水喷雾(细水雾)灭火系统、雨淋喷水灭火系统(泵供水方式)	喷淋泵电源
泡沫灭火系统	消防水泵,泡沫液泵电源
干粉灭火系统	供电电源
气体灭火系统	供电系统
防烟排烟系统	防烟排烟风机电源、电动防火阀、电动排烟防火阀、常闭送风口、排烟阀(口)、电动排烟窗、电动挡烟垂壁电源

（续）

设施名称	监控内容
防火和卷帘门系统	防火和卷门机供电电源
消防电梯	消防电梯供电电源
消防应急照明和疏散指示系统	照明供电电源
消防设备应急电源(EPS)	所有 EPS
消防设备直流电源	分布在竖井或电气设备间,给消防设备供电的直流电源

（2）消防电源监控系统产品要求

1）产品应符合《消防设备电源监控系统》（GB 28184—2011），并通过国家消防电子产品质量监督检验中心型式检验合格。

2）消防电源监控系统应该具备以下功能：单向电压、电压/电流检测，三相电压、电压/电流检测，双电源电压检测。

3）设备现场总线宜使用两总线无极性线路，支持任意分支，布线、调试方便且外部设备无需单独供电。

4）总线通信距离应不低于 1500m（RVS $2\times1.5\text{mm}^2$）。

5）末端传感器应能支持双电源电压/电流传感器，方便实时监控。

6）末端传感器应具备现场屏显功能，方便现场查看工作状态。

7）三相电压、电流/电压检测能同时支持三相三线和三相四线交流电压、电流/电压检测。

8.4.3 防火门监控系统

1. 系统概述

防火门监控系统中的防火门监控器是显示并控制防火门打开、关闭状态的控制装置，同时也是中心控制室或火灾自动报警系统连接前端防火门中继器、普通电动闭门器或智能型电动闭门器、普通或智能门磁开关、电磁释放器等装置的桥梁。防火门监控系统在整个防火过程中起到至关重要的作用，是非常重要的一个系统。

2. 系统设计

《火灾自动报警系统设计规范》（GB 50116—2013）中对防火门监控系统的联动控制设计，有下列规定：应由常开防火门所在防火门分区内的两只独立的火灾探测器或一只火灾探测器与一只手动火灾报警按钮的报警信号，作为常开防火门的联动关闭信号，联动触发信号应由火灾报警控制器或消防联动控制器发出，并应由消防联动控制器或者防火门监控器联动控制防火门关闭；疏散通道上各防火门的开启、关闭及故障信号应反馈至防火门监控器。

（1）一般规定

1）《火灾自动报警系统设计规范》（GB 50116—2013）规定：防火门监控器应设置在消防控制室内，未设置消防控制室时，应设置在有人值班的场所。

2）电动开门器的手动控制按钮应设置在防火门内侧墙面上，距门不宜超过0.5m，底边距地面高度宜为0.9~1.3m。

3）防火门监控器的设置应符合火灾报警控制器的安装设置要求。

（2）防火门监控系统产品要求

1）产品应符合《防火门监控器》（GB 29364—2012）的规定，并通过国家消防电子产品质量监督检验中心型式检验合格。

2）防火门监控系统应可以使用一体式解决方案和分体式解决方案来满足数据中心可能遇到的各种实际情况，建议一般情况下使用一体式解决方案。

3）设备现场总线宜使用两总线无极性线路，支持任意分支。

4）总线通信距离应不低于1500m（RVS $2\times1.5mm^2$）。

5）控制器应自带多个开关量输入节点用以接收多个防火分区信号。

6）闭门器应该能支持左右门、推拉门等多种防火门规格。

7）闭门器应能覆盖市面上主流防火门质量（65~150kg）。

8.4.4 可燃气体探测报警系统

1. 系统概述

可燃气体探测报警系统作为火灾预警系统，是火灾自动报警系统的一个独立子系统。

可燃气体探测报警系统在数据中心内主要应用于电池室（氢气报警）、日用油箱间（柴油气体挥发报警）等区域设置。

2. 系统设计

1）可燃气体探测报警系统由可燃气报警控制器、可燃气体探测器和火灾声光报警器等设备组成。

2）可燃气体探测报警系统需采用独立系统，可燃气体探测器不应接入火灾报警控制器的探测器回路；当可燃气体的报警信号需接入火灾自动报警系统时，应由可燃气体报警控制器接入。

3）当可燃气探测器报警时，应通过可燃气体控制器或消防联动控制器联动起动事故风机，并起动保护区域的火灾声光报警器。

4）可燃气体报警控制器的报警信息和故障信息，应在消防控制室图形显示装置或具有集中控制功能的火灾报警控制器上显示，但该类信息与火灾报警信息的显示应有区别。

5）可燃气体探测报警系统设置在有防爆要求的场所时，应符合有关防爆要求。

6）当有消防控制室时，可燃气体报警控制器可设置在保护区域附近；当无消防控制室时，可燃气体报警控制器应设置在有人值班的场所。

8.4.5 智慧消防系统

1. 系统概述

智慧消防系统是基于物联网、云计算、大数据、地理信息及多种网络，集成应用各类传感感知、数据通信、自动控制等技术，对火灾防控、灭火救援、装备管理、部队管理、消防产品管理等业务所需信息进行精准适时采集、高可靠网络化传输、规范化信息集成、可视化集中展现，实现各项消防业务工作流程化管理和协同运作，为各类决策提供智能化服务的数字化智慧体。

在数据中心里，智慧消防系统的应用是通过搭建智慧消防管理平台，管理建筑物内的消防设备，通过物联网自动为运维人员生成、派发维保计划，生成维保记录。

2. 系统设计

系统主要由系统云平台、信息传输装置、二维码标签等设备组成。

智慧消防管理平台应能满足下列需求：

1）数据支持。包括地理信息数据、网格人员信息、人口和建筑信息、消防设施数据、网格日常检查数据等；自动采集接入系统平台的智能管网监测数据、消防设备运行数据、火灾应急数据等。建设基于云存储技术的管理模式，为相关的智能决策分析、云计算提供数据信息支持。

2）消防隐患排查。各重点单位在日常消防巡查可随时利用手机方便快捷地进行信息录入、拍摄现场图以及语音备注，实时发送至管理系统，自动保存和实时上传检查日志。对发现的消防安全隐患进行智能化分类处理，及时反馈处理的信息。

3）消防应急处理。针对突发灾情，各重点单位能利用系统平台做好快速、必要的应急处理，实现人工报警和智能探测系统报警相互结合的方式进行火灾报警。当系统接到报警，利用相关的定位技术能够迅速获得火情位置，并基于信息智能技术在中心服务平台和手机平台端进行地理位置标注，及时处理火情及采取应急预案。

4）消防设施管理。系统通过智能感知技术，如无线火灾报警器节点、消防管网水压传感器节点等探测设备，实理消防设备状态的智能监测，可在设备即将出现故障时通过手机短信、手机 APP、平台通知等方式提醒相关责任人进行维修处理，从而保证系统长期稳定运行。

5）消防重点部位监控。在消控室安装云台摄像机，可在平台和手机 APP 远程查看单位消控室人员值班及工作情况。

6）消防地图服务。针对应急管理，报警点的位置可实时上传并在电子地图上定位显示；针对重点防火管理，能准确显示报警部件的安装楼层平面图和建筑立面图的重点部位；针对消防设施管理，显示消防栓、水源等消防设施分布情况及其他消防相关信息。

7）用户管理。可以对系统的用户授权、信息安全等进行管理。面向不同等级的用户，实现分级的系统授权，具体包括消防总队，消防街道，消防重点单位、物业公司、消防维保单位等。设计用户日常管理界面，生成系统使用记录、事务处理记录、系统操作日志，并根据用户系统使用状况对用户进行分级评价，进行安全信用等级管理。

8）相关信息查询。系统提供联网用户基本信息、网格基本信息、消防设施配备与运行状况信息、消防安全管理、火警信息和故障信息、联网监控终端设备管理信息等信息查询功能。

3. 平台功能

（1）单位自管平台

1）以个人用户为登录主体，采用手机号加验证码的注册及登录方式。

2）系统可根据物联网设备采集的信息进行火警事件、故障事件、隐患事件的生成。事件会触发生成任务，并派送给对应的用户进行任务处理。

3）分级预警：报警信息智能辨识为普通火警、疑似火警、高度疑似火警和 AI 确认火警等几个等级，根据不同的等级，系统做出相对应的报警推送。

4）系统有统一的数据统计工作台页面，包含今日未处理火警任务数、今日未处理故障任务数、今日未处理隐患任务数、各类基础数据及统计数据的展示。

5）园区建筑管理模块：系统有管理园区及建筑信息的模块。建筑信息需包含建筑类型、建筑结构、防火等级、楼高、面积、建筑位置经纬度等详细的信息。可上传楼层平面图，并可将设备在平面图上进行标注。

6）物联网数据模块：使用物联网设备采集到的设备监测数据的查看，需要详细的历史数据、实时数据及统计数据。一旦异常，立即生成对应的火警、故障或隐患事件，推送任务至相关人员。

7）巡检模块：采用近场通信（NFC）电子标签作为巡检点进行管理，在构建巡检计划时，可对巡检点设定不同的检查指标，系统需有完善的巡检检查指标库进行支持，通过成员组功能及排班功能进行巡检计划的管理。生成的巡检任务通知到成员组用户，在

APP 端进行巡检任务的执行，支持上传图片进行巡检工作的佐证，并形成巡检记录及巡检工作的相关统计。

8）月度报告模块：系统需根据物联网数据采集情况、人员工作情况，从时间、空间、人员、消防系统等多个维度进行数据分析对比，有火警次数统计、报警时段分析、误报原因分析、频繁报警点位统计、设备故障原因分析、频繁故障点位统计、巡更工作统计、巡检工作统计、人员工作统计等模块。各个模块有数据分析结果，提出针对性的指导建议。月度报告不可进行无授权分享，可导出 PDF。

9）大屏模块：系统需包含数据大屏功能模块。大屏需支持不同的数据展示组件，用户可根据不同的需求进行不同组件的组合形成不同的展示大屏。

10）APP 端：系统 APP 端支持 Android 及 IOS 版本。

11）火警：手机 APP 能实时接收查看火警任务及报警设备的相关信息，可在 APP 端直接进行火警任务的处理。

12）故障：手机 APP 能实时接收查看故障任务及故障设备的相关信息，可在 APP 端直接进行故障任务的处理。

13）隐患：手机 APP 能实时接收查看隐患任务及隐患设备的相关信息，可在 APP 端直接进行隐患任务的处理。

14）巡检：手机 APP 端能进行巡检工作任务的查看及执行，并且可查看记录、统计数据及报告等。

15）月度报告：手机 APP 端能进行月度报告的查看。

16）消防培训：手机 APP 端需包含消防培训模块，有专业消防培训课程的视频内容。

17）基础信息管理：手机 APP 端需包含点位设备管理模块，可通过 APP 便携地进行点位设备信息的维护。

（2）电子数据管理

1）电子数据管理对社会联网单位自身的静态数据进行管理。静态数据包括单位基本信息、GIS 地理位置信息、单位消防组织和人员信息、消防设施设备信息、消防重点部位信息。

2）平台能够利用 GIS 地理信息显示园区、楼宇的位置；提供电子数据的新增、修改、删除、查询等基本功能；能够保存和管理各类图片、照片、文档等媒体数据。

(3) 消防设施设备监测和管理

1) 平台能对安装有传感器的消防设施设备进行监测和管理，能够显示所有被监控设备的当前状态信息，有具体数据的设备应显示当前数值，如水压、液位、温度等。

2) 平台能够设定各类被监控设备的告警阈值，能够为每一个传感器设定不同的告警阈值，比如喷淋泵管网水压和消防泵管网水压的告警值是不同的。

3) 平台能够设定不同的告警等级，每种告警等级可以分别设定不同的告警阈值，也可以根据告警时长来设定告警等级。系统能够根据设备当前状态以及发生告警持续的时间，自行升级或降低告警等级。

4) 平台能够显示每个传感器的以往时间内的详细数据信息和告警历史记录。详细数据和告警记录能以图表的方式直观地显示出来。

(4) 消控室视频监控模块

在消控室安装云台摄像机，可在平台和手机 APP 远程查看单位消控室人员值班及工作情况。

(5) 智能电子巡检和管理

平台能够利用 NFC 技术，提供智能巡检功能。巡检方式提供点巡检和面巡检两种方式，点巡检即每次巡检一个设备，面巡检即一次巡检可以同时巡检多个设备，并分别标记状态。

巡检过程提供巡检点位的楼层平面图位置坐标，引导巡查人员采用正确的路径达到巡检位置。

识别巡检点后应主动显示带巡检的设备信息以及检查的要求，方便巡查人员对照要求进行检查。检查结果提供列表供巡查人员选择，可以多选，对于没有在结果列表中列出的情况，也提供自定义输入的方式。

(6) 消防控制室的大屏声光告警

平台能够以全景图、楼层平面图、设施系统图等展现方式，实时显示设备报警信息。实时监控画面能投影至电视墙等大屏幕设备上，能够以弹框、声音、警报等方式提醒报警信息。

数据大屏需支持不同的数据展示组件，用户可根据不同的需求，进行不同组件的组合形成不同的展示大屏。

(7) 数据可视化分析

平台提供多种数据统计图表和报表，以及实时数据可视化，包含但不限于：设施设备统计分析、告警统计分析、巡检统计分析、火灾自动报警系统日志分析、设备台账数据分析等。

系统可实施对建筑进行安全评分，从建筑本身、消防设备设施及消防工作三个方面进行评分。评分结果需展示评分细则，并对扣分项进行工作流引导。扣分项解决后，可实时在评分结果中体现，需有历史评分统计。

(8) 告警和提醒消息多平台推送

平台提供告警信息的实时推送功能，推送消息支持手机 APP、手机短消息作为方式。不同级别的告警信息可以推送给不同的用户。

平台提供巡检提醒的消息推送功能。巡检过程中发现设施设备有损坏和故障的，系统能够自动提醒相关人员进行维修和更换；当接近巡检周期的截止时间时，系统能够自动发送消息提醒巡查人员尽快巡查；当到达巡检周期的截止时间时仍旧没完成巡检，系统能够自动发送消息提醒主管人员督促完成。推送消息支持手机 APP、手机短消息作为推送方式。不同类型的提醒信息可以推送给不同的用户。

第9章　数据中心公共区智能化系统

数据中心公共区智能化系统主要侧重于数据中心建筑公共区公共场所的建筑智能化系统，包括智能化集成系统、信息设施系统、信息化应用系统、建筑设备管理系统、公共安全系统等。

9.1　智能化系统基础平台构建

计算机网络系统已经是建筑智能化的基础和平台，就是一个有机的整体，它由彼此相互作用的不同组件构成，通过结构化布线、网络设备、服务器、操作系统、数据库平台、网络安全平台、网络存储平台、基础服务平台、应用系统平台等各个子系统协同工作，最终实现用户（企业、建筑、社区）的监控管理自动化、业务管理信息化、物业及设施管理数字化等相应的功能。数据中心公共区智能化系统主体架构均基于公共区的智能化系统专用信息网络系统及配套的综合布线系统（即弱电运维网）。

1. 弱电运维网

从网络管理及安全管理角度出发，公共区内宜设置一套与公共区生产、办公网络相对独立的弱电运维网，主要提供公共区智能化系统及其他公共区物业设施控制系统的通信和联络。对应公共区内建筑的物理分区，公共区弱电运维网也宜以不同区块分别设置相应主要节点。在每个节点设置网络核心，节点与公共区消防安防总控室联网。在每个网络核心以星形在本区块辐射到相邻各楼及公共区，连接各智能化系统的终端节点。

2. 智能化系统辅助综合布线系统（弱电运维网配套）

（1）公共区主干规划

为了便于逻辑上划分，将主干分为三级：

一级主干：公共区安防总控室至公共区主要节点机房互联。

二级主干：公共区主要节点机房至本节点管理的各个楼宇之间的互联。

三级主干：楼宇机房至各楼层的互联。

在公共区的弱电系统骨干光缆的容量上主要考虑内部所承载的系统应用。弱电系统包括众多的子系统，按照每个子系统的信息独立传输的原则，并考虑网络的物理划分及今后的预留发展等因素，建议公共区的弱电一级主干采用两套48芯的单模光纤组成双环路。

（2）一级主干

整个公共区的布线系统以研发中心为核心，通过单模光缆连接到各楼宇。

光缆的规划采用双路径物理备份，再结合网络的双引擎规划，全方位保证整个数据网络的高度可靠性。这里谈到的双路径并不是简单地指多排一根光缆，而是指分两条不同的室外线路，进行光缆排放。这样可以避免公共区工程机械活动给线路造成的物理伤害。

（3）二/三级主干

二/三级主干即每个楼宇连接至主要节点机房及本楼宇各层。

数据主干采用双路径单模光缆，保证整个数据网络的高度可靠性。

9.2 信息设施系统（ITSI）

信息设施系统能够为建筑物的使用者及管理者创造良好的信息应用环境；根据需要对建筑物内外的各类信息，予以接收、交换、传输、存储、检索和显示等综合处理，并提供符合信息化应用功能所需的各种类信息设备系统组合的设施条件。

信息设施系统包括通信接入系统、语音通信系统、综合布线系统、有线电视及卫星电视接收系统、背景音乐和紧急广播系统、室内移动通信覆盖系统、信息引导及发布系统等子系统。

1. 通信接入系统

数据中心的运营需要高速的互联网接入带宽，需在规划设计阶段明确引入哪几家基础电信运营商的带宽接入、各家运营商的通信线路敷设路径、管线配套、接入间及配线端口配置、出口带宽容量、传输容量配置等。数据中心需考虑为每家运营商设置运营商接入机房，并预留传输设备安装机柜和光缆/光纤配线机柜。

同时，数据中心公共区应合理规划公共区园区市政电信管路，以满足各运营商从各自不同的站点，采用双局向双路由方式，从不同方向引至数据中心的进线间或运营商接入机房的应用需求。其中公用数据网和公用电话网通过光纤接入网设施，接入到公共区语音通信机房的光纤配线架和用户电话交换机。

2. 语音通信系统

企业的语音通信应该是建立在企业组织结构、企业办公行为和企业作业流程基础之上的，通过通信方式将企业组织到一个公共的平台，实现高效的沟通和决策。

公共区语音通信系统设计建议采用统一通信系统（UC），系统以公共区信息网络系统为基础 IP 网络平台，支持 IP 话机、模拟话机、传真机等终端接入。

3. 综合布线系统

综合布线系统作为整个数据中心公共区内信息通信的基本通道和神经中枢，与公共区信息网络系统和语音通信系统的整体架构有着相辅相成的关系。同时作为公共区建筑基础结构的一个重要组成部分，应与整个公共区的基础建设融为一体。

综合布线系统共分为 7 个子系统：工作区子系统、配线子系统、干线子系统、建筑群子系统、设备间子系统、进线间子系统和管理子系统。

全系统整体信道带宽性能支持千兆以上的数据传输。公共区及楼层数据主干布线宜采用万兆光纤布线标准进行设计，符合基于光缆的 10G 以太网标准 IEEE 802.3ae。水平布线均采用六类铜缆 E

级（六类，250MHz）标准和光纤布线标准进行设计，铜缆支持基于千兆以太网标准 IEEE 802. 3ab，同时满足基于铜缆的以太网供电传输标准 IEEE 802. 3af。

4. 有线电视及卫星电视接收系统

数据中心作为集办公、生产、住宿于一体的大型公共区，有线电视和卫星电视接收系统是非常必要的。卫星接收和有线电视系统对于公共区内用户了解外部信息、丰富业余生活将起到积极的作用。

（1）系统节目容量

按照 862MHz 邻频传输规划，系统可容纳 90 多个正向电视频道，其中包括 40 多个增补频道。考虑交互式数字业务的发展，为其预留了足够的上行通道，以满足将来数据业务的发展。

按照邻频传输规划，88～108MHz 为调频广播，系统可容纳 16 路数字立体声和 50 路调频广播。

（2）系统点位设置

根据项目具体情况和需求而定。

（3）系统节目信号源

1）本地有线电视节目：本系统普通电视信号由室外市政有线电视信号引来，同本地有线电视联网后，可接收本地所有的有线电视节目。信号在电视前端机房经技术处理后，通过分配网络将信号传送到不同楼层的各个用户终端。

2）卫星电视节目：目前亚太地区可供接收的卫星共有几十颗，按照国家标准以及现代智能大厦的需求，公共区卫星系统可接收卫星电视节目，接收节目内容根据项目具体情况而定。

（4）信号前端处理部分

前端设备应设在有线电视及卫星接收机房内。

（5）干线传输系统

干线传输系统是有线电视系统的重要组成部分，它处于前端和分配系统之间，其作用是将前端系统输出的各种信号不失真、稳定地传输给分配系统。电视系统在传输过程中所采用的干线放大器、均衡器等有源设备，均设置在公共区大楼各层智能化竖井内，竖井外均为无源器件。

(6) 分配系统

分配系统是卫星电视及有线电视系统的最后一个环节，是整个传输系统中直接与用户相连接的部分，是从分配点至系统输出口之间的传输网络，为了使用户能收看到高质量的电视节目，对于放大器的选择采用低噪声系数的双向放大器，并且采用具有 1000M 带宽的高隔离度的分支分配器。在各有线电视输出口前端设置滤波器作为可寻址装置。

(7) 监控部分

系统配置监视器（具体台数根据项目具体情况和需求而定），以对卫星节目进行实时的监控，同时方便值班人员对系统的管理。

5. 公共广播系统

公共广播系统覆盖包括所有主体建筑及室外园林区域在内的数据中心整个公共区。公共广播系统建议在公共区消防/安防总控制室设置业务广播中心，供整个建筑群统一使用，并提供备用背景音乐系统。在控制中心设置一台遥控呼叫传声器对指定区域广播使用，将整个公共区最大分成若干个业务广播，并将控制设备集中放置于集中控制室。通过系统管理主机向分区提供业务广播。系统通信传输均基于公共区弱电运维网，无须单独设置网络系统及综合布线系统。

6. 信息引导及发布系统

多媒体信息发布系统基于网络平台，独有分布式区域管理技术真正实现了统一系统中不同终端区分受众的传播模式。

系统采取集中控制、统一管理的方式将视音频信号、图片和滚动字幕等多媒体信息通过网络平台传输到显示终端，以高清数字信号播出，能够有效覆盖楼宇大堂、会议室、办公室、会客区、电梯间、通道等人流密集场所。对于新闻、公告、天气预报、服务资讯、现场直播节目等即时信息可以做到立即发布，在第一时间将最新鲜的资讯传递给受众，并根据不同区域和受众群体，做到分级分区管理，有针对性地发布信息。

9.3 公共安全系统（PSS）

公共安全系统具有对火灾、非法侵入、自然灾害、重大安全事故和公共卫生事故等危害人们生命财产安全的各种突发事件，建立起应急及长效的技术防范保障体系。系统以建筑物被防护对象的防护等级、建设投资及安全防范管理工作的要求为依据，综合运用安全防范技术、电子信息技术和信息网络技术等，构成先进、可靠、经济、适用和配套的安全技术防范体系。

数据中心公共区安全防范系统主要包括以下子系统：安全防范综合管理系统、视频安防监控系统、入侵报警系统、出入口控制系统、电子巡更系统、停车场管理系统和保安无线对讲系统。

1. 数据中心不同区域的安防等级划分

数据中心公共区的安全防护级别从外围至数据机房逐级提高，一般分类见表 9-3-1。

表 9-3-1　不同区域的安防等级划分

安防级别	区域划分
第一级	公共区周界区域、外围周界、公共区道路、停车场
第二级	运维办公区域、门厅、办公室、通道、管道井
第三级	机电设备区、动力保障区、钢瓶间
第四级	数据机房、模块机房、企业总控中心区、监控中心区

2. 安全防范综合管理系统

在数据中心公共区消防/安防总控中心内设置安全防范综合管理系统。利用统一的弱电运维网和管理软件将监控中心设备与各子系统设备联网，实现由监控中心对各子系统的自动化管理与监控。当安全管理系统发生故障时，不影响各子系统的独立运行。

（1）安全防范综合管理系统的功能。

1）设定操作员的姓名和操作密码，划分操作级别和控制权限等。

2）以声光和/或文字图形显示系统自检、电源状况（断电、欠电压等）、受控出入口人员通行情况（姓名、时间、地点、行为等）、设防和撤防的区域、报警和故障信息（时间、部位等）及图像状况等。

3）视频图像的切换、处理、存储、检索和回放，云台、镜头等的预置和遥控；对防护目标的设防与撤防，执行机构及其他设备的控制等。

4）入侵报警时入侵部位、图像和/或声音应自动同时显示，并显示可能的对策或处警预案。

5）操作员的管理、系统状态的显示等应有记录，需要时能简单快速地检索和回放。

6）可生成和打印各种类型的报表。报警时能实时自动打印报警报告（包括报警发生的时间、地点、警情类别、值班员的姓名、接处警情况等）。

（2）对安防各子系统的集成管理

1）视频监控集成系统的功能如下：

① 在集成管理计算机上，可实时监视视频监控系统主机的运行状态、摄像机的位置、状态与图像信号等。

② 当发现入侵者时，能准确报警，并以报警平面图和表格等形式显示。

③ 报警时，立即快速将报警点所在区域的摄像机自动切换到预置位置及其显示器，同时进行录像，摄像机图像信息应同时在安防集成管理计算机上告警显示。

④ 与出入口控制、入侵报警等子系统之间实现联动控制，并以图像方式实时向管理者发出警示信息，直至管理者做出反应。

⑤ 安防集成管理计算机上，操作者可操控权限内的任何一台摄像机或观察权限内的显示画面，还可利用鼠标在电子地图上对电视监控系统进行快速操作。

2）出入口控制系统的功能如下：

① 在安防集成管理计算机上，可实时监视出入口控制系统主机、各种入侵出入口的位置和系统运行、故障、报警状态，并以报警平面图和表格等方式显示所有出入口控制的运行、故障、报警状态。

② 在安防集成管理计算机上，经授权的用户可以向出入口控制系统发出控制命令，操纵权限内任一扇门出入口控制锁的开闭，进行保安设防/撤防管理，同时存储记录。

③ 通过硬件与口令数据加密等软件手段，确保系统安全性。

④ 实现信息共享，并自动与消防等相关子系统联动。

⑤ 当发生事故时准确报警，并以图像方式实时向管理者发出警示信息，直到管理者做出反应。

3）入侵报警系统的功能如下：

① 在安防集成管理计算机上，可实时监视入侵报警系统主机、各种入侵报警探测器的位置和系统运行、故障、报警状态，并以报警平面图和表格等方式显示所有入侵报警探测器的运行、故障、报警状态。

② 当发生事故时，准确报警，并以图像方式实时向管理者发出警示信息，直到管理者做出反应。

（3）安防系统联动策略

1）安保系统与门禁、照明等系统联动，指安保系统与门禁、照明、电梯、闭路电视（CCTV）、紧急广播、程控交换机等系统的高效联动。

当发生非法闯入时，门禁或入侵报警系统记录非法闯入信息，通过跨系统联动设置，打开相应的照明系统设备和安保系统设备，使非法闯入者无处容身。

2）安保系统与消防系统之间联动。当大楼内某一区域发生火警时，立即打开该区所有的通道门，其他区域的门仍处于正常工作状态，并启动该区域的摄像机系统、置预置位、进行巡视；多媒体监控计算机报警，矩阵切换该图像到控制室的视频处理设备上，并将图像信号切换到指挥中心、公安监控室、消防值班室的监视器上进行显示；通过采集室内外温湿度，并参照季节制定中央空调系统的运行策略，达到最佳的节能效果；通过照明、空调、电梯、门禁、广播等系统的联动实现相关功能的智能策略，达到节省人力资源的目的；集成系统授权用户根据授权权限对系统进行相应的图像查询和控制。

3. 入侵和紧急报警系统

为了保证数据中心公共区安全，在数据中心公共区及建筑物的各出入口、主要通道、监控中心、机房区等处设置入侵和紧急报警系统，对这些重要区域进行布防，防止非法入侵。

数据中心建筑物的外围及周界，常采用红外对射或电子围栏系统。数据中心建筑物的室内主要出入口、数据机房出入口等重要场所，常采用被动式红外探测器或红外微波双鉴探测器。

入侵和紧急报警系统可设定分时段设防和撤防，可与视频监控系统联动，启动摄像机系统对现场情况进行录像。此外，系统还应具有防拆防破坏功能，并留有与当地 110 报警中心联网的接口。

4. 视频监控系统

视频监控摄像头主要用于监控数据中心公共区、建筑物室内外出入口、门厅、通道、走廊、楼梯口、电梯厅、数据机房（接入机房、网络机房、服务器机房、屏蔽机房）、辅助设备机房（配电室、电力室、电池室、冷冻机房、空调间、维修区域）等重点区域，通过设计布设枪机、半球等室内监控设备实现对重点监控区域全覆盖、无死角、全天候 24h 无间断的视频监控及存储，并通过解码器进行高清视频解码，将视频信号分享展示在监控平台和 ECC 大屏幕上。

视频监控一方面用于实时监看主要出入口、通道；另一方面所有视频都有存储记录，以备后期调查取证。

视频监控系统的架构为数字视频监控系统，以 IP 数据包的形式在安防专用局域网上传输，实现分布监控、集中控制和管理的功能。

视频监控系统的网络及设备为独立设备，摄像机采用 1080p 高清摄像机，采用动态存储形式；电源采用本层交换机有源以太网（POE）供电。前端布置原则如下：公共走廊及主要出入口设固定摄像机及半球摄像机，数据中心核心机房区和辅助用房内设固定摄像机，其他区域（如室外平台）根据安装位置和环境采用防水、防爆摄像机。

5. 出入口控制系统

出入口控制系统常称作门禁系统，主要用于管理合法授权人员的进出，禁止非授权人员的进入。出入口控制系统主要由识读部分、传输部分、管理/控制部分和执行部分以及相应的系统软件组成。

门禁系统由门禁控制器、读卡器、出门按钮、破玻按钮、磁力锁、门磁、门禁主机及门禁管理软件组成。通过管理计算机预先编程设置，系统能对持卡人的通行卡进行有效性授权（进出等级设置），设置卡的有效使用时间和范围（允许进入的区域），便于内部统一管理。门禁控制器具备 RJ45 标准接口，通过智能化专网与上级控制系统进行通信，或与其他系统连接或联动管理。

门禁系统是基于非接触式感应技术，由主控系统门禁控制器和前端装置组成的智能型网络门禁管理系统。控制装置包括门禁控制器及门禁控制主机，前端装置包括读卡器、指纹仪、电子门锁（含门磁）、出门按钮及紧急开门按钮等。所有前端装置都通过控制器与系统主机连接，遇有警报发生，系统主机可接收信号并在控制中心显示。

所有安装的门禁控制器通过管理网与门禁主机通信，接受门禁主机的统一管理，并实时反映系统状态，包括门禁控制器状态、门禁点状态和报警点状态。

门禁控制器及相关控制电路必须在受控区域放置，执行部分的输入电缆在该出入口的对应受控区、同级别受控区或高级别受控区外的部分，应封闭保护。当供电不正常或断电时，服务器和控制器的信息不能丢失，服务器上的软件密码、数据库密码或者软件激活码不能丢失。

在火灾发生时，门禁系统应按照国家标准《火灾自动报警系统设计规范》（GB 50116—2013）中的联动要求与消防进行解锁联动（联动方式为消防信号至门禁控制箱，控制器接收到消防信号后，联动开启门禁）。出入口控制系统中使用的设备必须符合国家法律法规和现行强制性标准的要求，并经法定机构检验或认证合格。

6. 停车库（场）安全管理系统

停车库（场）安全管理系统，是通过计算机、网络设备、车道管理设备搭建的一套对停车场车辆出入、场内车流引导、收取停车费进行管理的网络系统，通过采集记录车辆出入记录、场内位置，实现车辆出入和场内车辆的动态和静态的综合管理。目前广泛采用光学数字镜头车牌识别方式代替传统射频卡，通过感应卡或车牌识别记录车辆进出信息，通过管理软件完成收费策略实现、收费账务管理、车道设备控制等功能。

根据《停车库（场）安全管理系统技术要求》（GA/T 761—2008），停车库（场）安全管理系统主要由入口部分、库（场）区部分、出口部分、中央管理部分等组成。

中央管理部分是停车库（场）安全管理系统的管理与控制中心，实现对系统操作权限、车辆出入信息的管理功能；对车辆的出入行为进行鉴别及核准，对符合出入授权的出入行为予以放行，并能实现信息比对功能。

入口部分主要由识读、控制、执行三部分组成。可根据安全防范管理的需要扩充自动出卡/出票设备、识读/引导指示装置、图像获取设备、对讲设备等。

出口部分的设备组成与入口部分基本相同，主要由识读、控制、执行这三部分组成。但其扩充设备有所不同，主要有自动收卡/验票设备、收费指示装置、图像获取设备、对讲设备等。

库（场）区部分一般由车辆引导装置、视频安防监控系统、电子巡更系统、紧急报警系统等组成，应根据安全防范管理的需要选用相应系统；各系统宜独立运行。库（场）区部分应能实现引导车辆场内通行、监视车位数量、进行专用车位管理等功能；通过视频安防监控系统监视库（场）区的现场情况；巡更人员按照规定路线进行巡检过程中如发生意外情况时应能及时处理，在遇到紧急情况时，应能及时报警。

7. 电子巡更系统

电子巡更系统是管理者考察巡更者是否在指定时间按巡更路线到达指定地点的一种手段。

电子巡更系统常在数据中心公共区、建筑物内、机房区域内重要防范点及楼梯口、电梯口、机房门口等主要出入通道上设置巡更站点，巡更站配置读卡器，项目中常采用在线巡更系统，设计将尽量利用机房门禁子系统的读卡器作为巡更站用读卡器。系统可通过软件来设定巡更点、巡更人员、巡更路线、巡更班次和当前路线等。

未来的发展趋势是采用更高效的公共区巡逻机器人，巡逻机器人采用电磁导航、机器视觉导航或激光导航方式实现自动循迹，保证导航抗干扰能力强，可以全天候提供高可靠性导航服务。射频识别（RFID）定位点为巡逻机器人在全局路径规划中提供定位和任务信息。

8. 智能卡应用系统

智能卡在数据中心公共区综合运用的程度是反映智能化程度的一个重要标志。智能卡应用系统采用 TCP/IP 通信方式，数据传输利用公共区弱电运维网实现。智能卡应用系统包括停车场管理系统、出入口控制管理系统、消费管理子系统、考勤管理等子系统。各子系统有各自的数据区和密码及相应的管理软件，可以独立统计和核算，同时又和数据中心公共区的其他管理系统相联系。该系统可以实现如下功能：

1）实现了一卡多用功能：员工或业主使用一张卡能够实现门钥、消费记账等功用，极大地方便员工或业主。

2）加强了楼宇的安全防范能力：通过门禁控制等功能的运作，对大楼设置了多层安全防范措施，大大加强了安全防范的力度和密度。

3）加强了财务管理的严密性：系统与单位局域网联通，使内部消费及停车场收费等财务管理通过安全可靠的计算机及网络设备结算，减少了人为因素的疏忽和漏洞。

4）加强了单位的管理力度：各系统的运作都处于监督下，信息可通过网络即时查询，极其方便地为管理层提供管理信息。

5）对大楼硬件设备进行了智能化升级：增强了大楼内设备的智能化程度，提高了员工的工作效率。

6）创造了极好的社会效益：使用智能卡极大地提高了员工的形象、单位的形象、公共区的形象，为单位带来极好的社会效益。

9. 保安无线对讲系统

保安无线对讲系统在正常和特殊情况下（如出现火灾、断电、事故等）能使用对讲系统，达到楼内正常的通信需求。

系统控制器设在公共区无线通信机房内，可完成多信道控制、监听、录音和各种语音报警等系统。

对讲系统为安保及物业运维部门使用，满足在断电情况下5h以上的应急使用时间。

为保证对讲信号在各个建筑物内的无障碍通信，在公共区各个建筑物每层公共走道和车库设置了信号接收发射单元。

9.4 建筑设备管理系统（BMS）

建筑设备管理系统具有对建筑机电设备测量、监视和控制的功能，确保各类设备系统运行稳定、安全和可靠，并达到节能和环保的管理要求。系统采取集散式的控制方式，能够具有对建筑物环境参数的监测功能；能满足对建筑物的物业管理需要，实现数据共享，以生成节能及优化管理所需的各种相关信息分析和统计报表。系统具有良好的人机交互界面及采用中文界面；能够共享所需的公共安全等相关系统的数据信息等资源。

建筑设备监控系统（BAS）是智能建筑的基本组成要素之一，其含义是将建筑物或建筑群内的空调、电力、照明、给水排水、运输、防灾、保安等设备以集中监视和管理为目的，构成一个综合系统，一般是一个分布控制系统，即分散控制与集中监视、管理的计算机控制网络。

建筑设备管理系统采用集散式网络结构的控制方式，由上位计算机、网络控制器、现场控制器（DDC）和现场测控设备构成，通过BMS的这些设备对数据中心公共区（非数据中心区域）内的新风/空调系统、送排风系统、排水系统、室内照明设备以及窗帘控制等进行监视及节能控制。其他如变配电、电梯、冷冻站、热站、热回收机组、给水等系统自成系统，可以根据实际需求考虑和BMS进行数据上传。

1. 系统结构

《民用建筑电气设计标准》（GB 51348—2019）第18.2.1条规定："建筑设备监控系统，宜采用分布式系统和多层次的网络结构。并应根据系统的规模、功能要求及选用产品的特点，采用三层、两层或单层的网络结构，但不同网络结构均应满足分布式系统集中监视操作和分散采集控制的原则。大型系统宜采用三层或两层的网络结构，三层网络结构由管理、控制、现场三个网络层构成，中、小型系统宜采用两层或单层的网络结构。"

由于公共区面积大，机电设备分布广，所以对于建筑设备监控系统的管理也要分为公共区主监控管理中心-各地块分控制室（无人值守）二级管理结构进行设计。

建筑设备管理系统主机服务器配置数据采集、分析软件，对各类机电监控数据进行综合分析、计算。软件能够以报表形式给出设备运行、耗能情况，并且在一定的运行周期内给出最佳节能、舒适的运行模式。

现场控制器（DDC）采用总线方式传输，所有DDC均可联网运行，DDC控制箱的电源引自就近强电控制箱。

建筑设备管理系统具有监测设备配电控制箱的手/自动状态监视、起停控制、运行状态、故障报警，温湿度检测、控制及相关的各种逻辑控制关系等功能，并有历史纪录、统计、图形打印等功能。

消防专用设备（如消火栓泵、喷洒泵、消防稳压泵、加压风机等）不进入建筑设备监控系统。

2. 系统功能

（1）节电

建筑设备管理系统通过计算机控制程序对全楼的设备进行监视和控制，统一调配所有设备用电量，可以实现用电负荷的最优控制，有效节省电能，减少不必要的浪费。

（2）节省人力

由于建筑设备管理系统采用集中计算机控制，可以大量减少运行操作人员和设备维护维修人员。

(3) 延长设备的使用寿命

在配置了建筑设备管理系统之后，设备的运行状态始终处于系统的监视之下，提供设备运行的完整记录，同时可以定期打印出维护、保养的通知单，这样可以保证维护人员及时进行设备保养，使设备的运行寿命加长，降低了建筑的运行费用。

(4) 保证建筑及人身安全

系统可方便地与消防报警系统联网，及时准确地反映消防设备的使用情况，极大地提高建筑的管理水平。

能源管理软件根据系统中各设备的能源消耗和运行时间，以及实际运行中的负荷变化规律，自动处理并调整系统的运行参数，以实现系统的最优节能运行。

3. 新风空调机组控制功能

1) 送风机起/停控制、状态显示、故障报警和手/自动转换开关状态。

2) 送风温（湿）度测量。

3) 初效过滤器淤塞报警和低温报警。

4) 根据送风温度调节冷水阀、热水阀开度。

5) 带加湿功能的新风机组进行加湿控制。

6) 新风阀门控制。

7) 风机、风门、调节阀之间的联锁控制。

4. 定风量定新风量空调机组控制功能

1) 送风机起/停控制、状态显示、故障报警和手/自动转换开关状态。

2) 送风温（湿）度测量。

3) 初效过滤器淤塞报警和低温报警。

4) 根据送风温度调节冷水阀、热水阀开度。

5) 带加湿功能的新风机组进行加湿控制。

6) 新风阀门控制。

7) 回风阀门控制。

8）风机、风门、调节阀之间的联锁控制。

5. 定风量变新风量空调机组控制功能

1）送风机起/停控制、状态显示、故障报警和手/自动转换开关状态。

2）回风机起/停控制、状态显示、故障报警和手/自动转换开关状态。

3）送风温（湿）度测量。

4）初效过滤器淤塞报警和低温报警。

5）根据送风温度调节冷水阀、热水阀开度。

6）带加湿功能的新风机组进行加湿控制。

7）新风阀门控制。

8）回风阀门控制。

9）排风阀门控制。

10）风机、风门、调节阀之间的联锁控制。

6. 进/排风系统控制功能

1）控制进/排风机的起/停。

2）监视进/排风机的运行状态。

3）监视进/排风机的故障报警。

4）监测进/排风机的手/自动转换开关状态。

7. 潜污泵控制功能

1）监视循环泵的运行状态。

2）监视循环泵的故障报警。

8. 大开间办公室窗帘控制功能

1）每层大开间办公区内统一控制窗帘电动机的起/停。

2）监视窗帘电动机供电的故障报警。

3）监测窗帘电动机的手/自动转换开关状态。

9. 冷冻站机组控制系统（非数据中心专用）**功能**

1）按照空调专业的工艺要求，对冷水机组、冷冻泵、冷却泵、冷却塔、阀门等进行自动监控，使设备的动作实现自动、手动功能，符合顺序起停的要求。

2）监测设备的运行状态，故障报警。

3）根据当地的气候情况，按照空调设计参数对设备运行参数进行设定。

4）采用冷水机房的监控自成系统上传信号，建筑设备监控系统预留通信接口，只监不控。上传信号主要包括制冷系统的运行状态显示、故障报警、起停程序配置、机组台数或群控控制、机组运行均衡控制及能耗累计。

5）冷冻水供、回水温度、压力与回水流量、压力监测、冷冻和冷却泵及冷却塔风机的状态显示、过负荷报警、冷冻和冷却水进出口温度监测等。

10. 电梯监视系统

采用电梯及自动扶梯的监控自成系统，监视运行状态及故障状态，上传信号，建筑设备监控系统预留通信接口，只监不控。

11. 变配电系统监视

采用变配电系统的监控自成系统，上传信号，建筑设备监控系统预留通信接口，只监不控。

变配电站上传信号主要包括：对中压配电系统实行自动监视、控制和测量；对低压配电系统及变压器、发电机等电力设备实行自动监视和测量；对电力系统的运行参数进行自动采集和分析，并进行集中管理；对能源消耗情况进行分析，提供能耗报表并为物业管理提供节能依据；对电力系统的运行状态进行实时监测，及时消除故障隐患；提供电力系统设备维护的报表。

12. 其他

包括锅炉热源系统、热回收机组、给水系统等皆自成系统，可以根据实际需求考虑和 BMS 进行数据上传，建筑设备监控系统对其只监不控。

第10章　数据中心工艺智能化系统

本章所述“数据中心工艺智能化系统”区别于本书第 9 章“数据中心公共区智能化系统”，主要侧重于数据中心建筑内专属智能化系统，包括综合布线系统、综合安防系统、冷热源自控系统、供回油控制系统、动力及环境集中监控系统、蓄电池监控系统、基础设施管理系统等。

10.1　数据中心综合布线系统

数据中心的网络架构与综合布线系统相互支持又相互影响，就整体结构而言可以分为三种布置方式：分散式、列头式、集中式。三种布置方式优缺点对比见表 10-1-1。

表 10-1-1　三种布置方式优缺点对比

比较项	分散式	列头式	集中式	优选
综合布线	服务器在机柜内通过双绞线(或光纤)在机柜内直连交换机;接入层交换机通过光纤上连至汇聚层交换机,节省综合布线成本,尤其是后期综合布线系统的管理成本	服务器通过传统布线连接到列头柜,需要大量双绞线布线,有时会受到距离的限制,综合布线成本高,后期维护难度适中,维护成本高	服务器统一接到网络机柜,需要大量双绞线布线,有时会受到距离的限制,综合布线成本较高,后期维护难度大,维护成本高	分散式

（续）

比较项	分散式	列头式	集中式	优选
网络系统	每个服务器机柜中均需放置接入层交换机,端口利用率低,从而导致网络设备的数量增加,因而成本增加;与集中式方式相比,大约增加18%的成本;同时网络系统的设计难度比较大	可以将高性能、高端口密度、模块化大型交换机置于列头柜中,通过高效的端口分配,提高端口利用率,降低交换机成本;整个网络系统设计难度比较低	可以将高性能、高端口密度、模块化大型交换机置于机房中间,通过虚拟化方式,提高整体处理能力;整个网络系统设计难度比较低	集中式
交换端口利用率	由于接入服务器数量的限制,每个交换机的端口不可能完全被利用,端口利用率较低	由于采用列头柜接入方式,因而端口利用率较高	由于采用集中接入方式,因而端口利用率很高	集中式
系统扩充性	网络容易进行“菜单式”系统扩充	网络系统扩充难度适中;对综合布线的依赖程度较高	网络系统扩充难度大,对综合布线的依赖程度很高	分散式
机房空间利用率	接入层交换机的分散放置,使得服务器的接入空间相对增加,从而提高机房内单位面积的数据处理能力和空间利用率	每列机柜需要至少一个列头柜,从而导致每个机房模块需要至少10个列头柜;空间利用率低	无须设置列头柜,一个机房模块仅仅需要8个网络机柜,节约了机房的面积和空间利用率	集中式
适用情况	适用于中型数据中心	适用于小型数据中心	适用于大型数据中心	
综合成本	综合布线与网络系统整体成本增加,但是可以提高机房有效的空间,提高机房单位面积的数据处理能力,因而获得很好的性价比	综合布线与网络系统整体成本比较低,但是机房单位面积的数据处理能力较低,因此性价比差。相较而言,其节省的成本也远远低于“分散式”所带来的机房空间利用率提高而产生的经济价值	网络系统整体成本比较低,维护线缆的成本较高	分散式

通过以上比较，我们可以看出各种方式的优劣，综合评价各种方式后，结合数据中心各网络平台的实际需求，建议不同的网络平台采用不同的网络架构以最大限度满足业务需求。

10.2 数据中心综合安防系统

数据中心为各类数据业务提供 7×24h 不间断的数据信息服务，必须具备高度的可靠性和安全性。其中依托入侵报警、安防视频监控和出入口控制等子系统组成安全管理系统，实现各子系统的有效联动、管理和监控，是数据中心机房安全运行的重要一环，属于各个行业重点安全防范的核心要地。其安全防护等级应按一级风险、一级防范等级设计，必须运用纵深防护体系设计原则进行严密布防。

新一代数据中心应坚持“人工智能（AI）+安防”的设计原则，将传统的“人防、物防、技防”协调统一的理念与智能安防的新产品、新技术相结合，以安防管理软件为核心，以智能监控技术为支撑，以数据分析自动风险捕获为目标，设计并建设全新的数据中心智能安防管理系统，实现安全性与先进性的完美结合，以此来提高数据中心的安全防护水平和能力。

数据中心的主要功能区包括园区外围、机房模块区、内部公共通道区、运维管理区和安保控制区等。系统设计依据不同的区域分别定义相应的安全级别，人员流通与其安全级别相对应。以进入数据中心区域为界线，安全级别共分四级：数据中心园区外围为一级安全保障等级区（低风险安全保障级）；数据中心内部公共通道为二级安全保障等级区（普通安全保障级）；数据中心机电维护区域为三级安全保障等级区（次重要安全保障级）；数据中心机房模块区为四级安全保障等级区（重要安全保障级）。

综合安防系统宜遵循以下设计目标：

1）以安防管理软件为核心，实现各防范子系统的集成化。监控值班室作为信息汇聚和管理控制中心，以安防管理软件为核心，将视频、道闸、报警、对讲、门禁、大屏、消防等子系统接入后，实现集成化管理，并采取区域布控报警、无线对讲、门禁状态监测报警、消防联动等多种机制，将各子系统进行融合，协同工作，提高安全管控的工作效率，服务数据中心业务运营。

2）以智能监控技术为支撑，实现机房安全管理的智能化。将数据中心机房所有前端高清监控视频通过 IP 联网统一接入安防管理系统，采用云存储架构，实现所有区域、通道有效覆盖，在安防监控室应用人脸抓拍、视频浓缩等技术，实现视频智能识别和报警联动，实现对进入机房的人员进行权限控制和区域安全管理。

3）以数据延展分析为依托，使管理人员及时掌握整个系统运营的各项数据，为当前系统的风险指标、管控能力评价和设备稳定运行提供数据支持，为应急处置和系统优化提供服务保障和数据支持。

综合安防系统在“人防、物防、技防”协调统一的前提下延展智能应用，打造事前预防、事中控制、事后处置的全流程安全防控体系管理机制。

1）多重防范，确保要害部位防护等级。从园区外围向机房内部逐层覆盖，设置多道防线，区分四类人员，分别是内部人员、访客人员、群体参观人员和黑名单人员，实现人员信息采集认证和园区出入口、数据中心内/外部区域的智管智控。

2）报警驱动，提高突发事件处置效率。以各类传感器替代人的视觉感知，依靠设备与探测器预警风险，由软件判定风险紧急程度，程序控制风险处置过程，用机控替代人控，最大限度消除人为因素的不确定性。

3）融合智能，提升潜在风险的捕获能力。以人脸识别为核心智能技术防控手段，利用计算机进行实时图像和录像进行分析，实现辨认人员身份的目的。将摄像机的动态人脸与人脸识别终端的静态人脸库打通，将人员信息、人脸、指纹、虹膜、指静脉等 ID 信息及生物特征打通，实现依托生物特性的统一授权、统一布控、联动处置。

10.3 数据中心冷热源自控系统

数据中心冷热源自控系统普遍采用IP架构、集散式控制方式，对冷水机组、水循环系统、一级/二级泵系统、蓄冷罐系统、新排风系统等进行监控和管理。系统中涉及众多检测参数和控制点，需要根据具体的需求，选用相应的传感器和执行器，在上层网络上挂接服务器以及相应的外围设备。在系统设计中，需充分考虑数据中心各个系统设备实际分布的楼层，相互的逻辑控制关系，具体设备配置宜按照以下原则实施：

1）控制器就近安装在各个被控设备的机房内，如空调机房、冷冻机房、配电机房内，便于设备维护管理。同时可减少布缆距离，一般不超过30m为宜，降低施工量并提高系统工作的可靠性。现场控制器与控制器之间无主从关系。

2）合理使用控制器，考虑楼层因素，充分使用控制器的输入输出点，减少浪费。

3）考虑冗余量，为确保系统工作的安全性，系统宜留有15%左右的冗余量。

4）系统采用集中与分散相结合供电，服务器及控制器电源由应急电源供电，双路电源末端自动互投，系统设有UPS，在市电停电的情况下，系统能保证长时间数据不丢失。

为方便现场管理，设置两个管理监控中心，分配不同的权限，对数据中心内设备实施更为合理的控制。所有数据中心冷热源自控系统所监测和控制点均可在监控画面上动态、实时显示，并实现动态趋势记录。

1. 冷水系统群控

该子系统通过单元控制器，实现就地控制功能。控制策略由中央工作站下载到单元控制器，系统管理员可修改和关闭每个独立的控制程序，在软件平台上，冷源系统每台设备需设计手动/自动模式切换按钮，每台设备具有手动开关按钮，但在软件界面上对设备进行手动控制时，需考虑不同设备之间的互锁。对于冷冻机组的开关控制、运行状态及故障状态监测，建议采用 DDC 硬接点方式，对于冷冻机组内部参数监测，建议采用网关集成方式，因此，冷冻机组采供时，需配置用于外部起停控制及运行、故障状态监测的 I/O 板，同时，需配置用于数据开放的通信板，通信板采用 RS485 方式，遵循 Modbus RTU 等协议。

(1) 冷冻机组联锁动作

机组在起动和停机时，系统控制冷冻水循环泵、冷却水循环泵、冷却水塔、相关蝶阀及机组联锁动作。联动起动顺序：冷却水塔风机→冷却水塔电动闸阀→冷冻机的冷凝器电动闸阀→冷却水循环泵→水流开关信号指示→冷冻机的蒸发器电动闸阀→冷冻水循环泵→水流开关信号指示→冷冻机组起动。停止顺序：冷冻机组停止(延时 5min 或时间可调) →冷冻水循环泵→冷冻机的蒸发器电动闸阀→冷却水循环泵→冷冻机的冷凝器电动闸阀→冷却水塔电动闸阀→冷却水塔风机。

(2) 冷冻机组运行管理

对冷水系统进行一键式起停控制，当冷水系统收到自控系统一键式开启命令时，系统根据当前室外温度状况或人为设定初始开启台数，系统根据冷冻机组的总运行时数优先开启累计运行时间少的冷冻机组。

(3) 冷冻机组台数管理

根据冷冻水用户侧负荷，判断冷冻机组的开启台数。根据冷冻水供、回水总管温度差及冷冻水回水流量，计算出当前实时冷负荷；当负荷大于一台机组的 90% (可根据实际情况修改)，则第二台机组运行。以此类推。另外，结合机组内通信可根据机组电流百分比控制起动设备台数，当机组电流超过 90%时，当以上两个条件满足并且持续时间大于增机等待设定时间时，系统将发出增机信号，当需要开启一台冷冻机组时，根据冷冻机组累计运行时间优先开启累计运行时间最短的冷冻机组，增机顺序为：系统发出增机信号→通过累计运行时间确定冷冻机组机号→打开相关冷冻机组机冷却水及冷冻水电动阀→检测冷却水、冷冻水水流状态反馈，直至正确状态返回后开启冷冻机组，否则发出故障信号，程序返回初始等待状态。

当系统运行机组电流百分比之和/$(n-1)<100\%$（此值可设），同时系统回水温度不高于设定参数（例如 12℃），且持续 10~15min，则发出减机信号。当需要关闭一台冷冻机组时，根据冷冻机组当前运行累计时间及所承担负荷情况优先关闭运行时间最长的冷冻机组，关闭顺序为：系统发出减机信号→根据负荷情况和累计运行时间确定关机机号→关闭冷却水及冷冻水电动阀→检测蝶阀状态反馈及水流开关状态反馈，直至正确信号返回，减机完成。

2. 冷冻水循环泵运行管理

当冷冻水循环泵所对应的冷水机组收到开机命令后，先开启管路蝶阀，再开启冷冻水循环泵，且开机信号发出后，监测管路水流开关状态，确保冷冻水循环水泵状态与命令一致；当所对应冷水机组收到关机命令后，冷冻水循环泵等待冷水机组停机状态，待冷水机组停机后，冷冻水循环泵延时关机。

（1）冷却水循环泵运行管理

当冷却水循环泵所对应的冷水机组收到开机命令后，先开启管路蝶阀，再开启冷却水循环泵，且开机信号发出后，监测管路水流开关状态，确保冷却水循环泵状态与命令一致；当所对应冷水机组收到关机命令后，冷却水循环泵等待冷水机组停机状态，待冷水机组停机后，冷却水循环泵延时关机。

（2）供、回水总管旁通控制

在冷却水系统停运模式下，旁通阀处于完全打开。当冷却水系统收到一键式启动命令后，根据流量检测值与当前所投入运行冷冻机额定最低流量进行比较，采用 PID 算法控制旁通阀开度，确保所投入运行冷冻机满足自身最低额定流量，避免因流量不足而停机。

3. 冷却水塔风机运行管理

当冷水系统收到一键式启动信号时，系统根据冷冻机组开启台数及冷却水供水温度，确认需要开启的冷却水塔初始台数，根据累计运行时间，按从小到大的顺序选择所开启的冷却水塔风机。

（1）冷却水塔风机台数管理

根据冷却水供水温度进行冷却水塔风机台数管理。根据冷却水供水温度当前值与历史记录值进行比较（历史记录时间可设定），确认冷却水供水温度是在上升，当冷却水供水温度上升，大于设定上限值（上限值一般为33℃或可重设），且运行一段时间（时间可重设），启动增机策略，在未投入运行的风机中，选择累计运行时间最短且无故障的一台风机投入运行。

根据冷却水供水温度当前值与历史记录值进行比较（历史记录时间可设定），确认冷却水供水温度是在下降，当冷却水供水温度下降，低于设定下限值（下限值一般为26℃或可重设），且运行一段时间（时间可重设），启动减机策略，在已投入运行的风机中，选择累计运行时间最长的一台风机进行停机。

（2）冷却水塔蝶阀控制

冷却水塔风机与自身蝶阀进行联动控制，但是，在冷却水塔风机进行减机控制模式下，当风机数量减少为零台或最低数量时，至少保持最低数量蝶阀完全打开状态，确保冷却水最低流量，并防止冷却水循环泵无水运行。当检测到室外温度低于保护温度设定值或者检测到底盘温度低于保护温度设定值，同时检测底盘水位在正常范围时，起动电加热，以防止底盘水结冰。

4. 蓄冷罐的控制

不同工况可以手动选择，也可根据室外温度及负荷的实际情况进行自动选择；

根据不同工况，自动切换电动蝶阀的开启及关闭，主要工况有三种：①蓄冷罐不蓄冷；②蓄冷罐蓄冷；③蓄冷罐应急供冷。

5. 板式换热器运行管理

根据制冷、制热工况的选择，开启及关闭不同功能的阀门，确保当前所投入的冷水机组或者板式换热器可以进入正常工作模式。在制热工况模式下，根据负荷实时对板式换热器进行增机、减机控制，以达到节能效果。

10.4 数据中心供回油控制系统

燃油供给系统是数据中心柴油发电机组重要的组成部分，而供回油控制系统则是实现数据中心柴油发电机组可靠安全运行的基础。

供回油控制系统包括室外地下柴油储罐、日用油箱、供油泵、管道等。通常数据中心配套柴油发电机组采用 N+1 配置，地下油罐采用 2N 配置。地下油罐采用卧式钢制油罐（2N），采用地下直埋的安装方式。为防止油品可能发生泄漏对环境造成影响，油罐设有混凝土隔离体。室外油罐设置磁悬浮就地指示和远传液位计，将油位信号接入到对应的 DDC 中。

供回油控制系统可由两套控制系统组成，两套控制系统互为备份，热备使用。每套系统由地下油罐控制器与日用油箱控制器组成。每台柴油发电机组内部含有一个日用油箱。供回油控制系统为每个日用油箱设置一个控制箱，用来监视柴油发电机组管道和日用油箱等的漏油情况、日用油箱液位开关的状态，控制日用油箱内的供油阀。供回油控制系统为每个室外埋地油罐设置一个控制箱，用来监视地下油罐的漏油情况、室外供回油管道的漏油情况、地下油罐液位的状态，并根据日用油箱的供油阀状态来控制地下油罐相关的供油泵。

1. 供回油的标准控制逻辑

每个日用油箱进油管道设电磁阀常闭，当液位到达高高液位时，控制中心报警，提醒运维人员；当液位到达高液位时，供油泵自动关闭；当液位到达低液位时，开启对应日用油箱所有供油阀；当液位到达低低液位时，控制中心报警。地下油罐的供油泵与日用油箱的供油电磁阀设置联锁，任意一个日用油箱供油管上的电磁阀开启且阀门状态得到确认后，开启两台地下油罐的每一台供油泵。当检测到每一个日用油箱的电磁阀都关闭时，则供油泵立即停止运行。

供油系统供回油管道为两路独立母管，任何一路出现故障均不影响供油；在每台埋地油罐的操作井内设置两台供油泵，分别接至供油管路，每台油泵可以满足柴油发电机房所有发电机全部满负荷运行的耗油量。

2. 日用油箱控制

1）对每个日用油箱将设置一台独立的 DDC，其将会作为日用油箱的液位控制器，负责监测日用油箱液位，向地下油罐控制器传送供油请求信号，监测日用油箱漏油状态，开启供油阀等作用。

2）每个日用油箱将会安装液位开关：此液位开关应提供4个液位状态：泵起动液位（低液位），泵停止液位（高液位）、低低液位和高高液位。

3）当日用油箱的液位到达低液位（60%）时，日用油箱控制器应打开日用油箱的供油泵，并且向地下油罐的供油泵发送起动供油泵信号；日用油箱的供油阀平常处于常闭状态，通电后开启，其应自带状态反馈信号；日用油箱的控制器要求开启供油阀后，将会检测供油阀的开状态反馈信号，如延迟20s后仍然不能接收到反馈信号，则本地声光报警，并且发送报警信号到楼宇自控系统。

4）当日用油箱的液位到达高液位（80%）时，日用油箱控制器将会关闭对应日用油箱的供油阀，并撤销对地下油罐控制器的供油请求命令。

5）当日用油箱的液位到达高高液位（90%）时，日用油箱控制器将发送声光报警命令，并且发送报警信号到楼宇自控系统。

6）当日用油箱的液位到达低低液位（20%）时，日用油箱控制器将发送声光报警命令，并且发送报警信号到楼宇自控系统。

7）当日用油箱监测到对应日用油箱间或者对应柴油发电机组区域消防报警时，日用油箱控制器将会开启回油阀，排空日用油箱的柴油，并发送消防报警信号到地下油罐供回油控制器。

8）每个日用油箱将会由强电承包商提供一路UPS电、一路市电到控制箱断路器的上口，两路电源的自动切换由DDC控制箱自身完成，当任何一路电源出现故障时，应在控制箱面板上显示并且发送报警信号到楼宇自控系统。

9）当日用油箱监测到燃油泄漏时，日用油箱控制器将发送声光报警命令，并且发送报警信号到楼宇自控系统。

3. 地下油罐控制

1）地下油罐控制柜将采用两台DDC，两台DDC对于地下油罐供油泵的控制应能起到互相备份的作用；如运行过程中，当主DDC出现故障时，备用DDC也能根据要求起动供油泵。

2）地下油罐控制柜面板上应能实时地反映每个供油泵的状态、故障、起动及手/自动信号，以及对应地下油罐的液位和漏油状态。

3）每套地下油罐系统设置两台供油泵，每台供油泵自身的控制柜应能提供两个起停点位，两个故障、两个状态及两个手/自动点位分别给主用 DDC 和备用 DDC，来保证当单个 DDC 故障时，备用 DDC 能及时起动供油泵。

4）地下油罐的控制柜将会由强电承包商提供一路 UPS 电、一路市电到控制柜断路器的上口，两路电源的自动切换由 DDC 控制柜自身来完成，当任何一路电源故障时，应能在控制柜面板上显示并且发送报警信号到楼宇自控系统。

5）当地下油罐控制柜接收到日用油箱供油请求信号时，将会开启 3 个地下油罐液位中最高的两个油罐的主供油泵；当存在地下油罐的主供油泵不能正常起动时（判断标准为发出命令后状态无反馈），则地下油罐 DDC 自动切换到其对应地下油罐的备用泵，并且应发送报警信号到 BMS；当任何地下油罐的液位到达低限 25%时，地下油罐 DDC 自动切换到额外一台地下油罐的供油泵。

6）地下油罐控制器应能监视以下信号，并且传入楼宇自控系统：

① DDC 的主供电回路故障。

② DDC 的备用供电回路故障。

③ 地下油罐主用 DDC 故障。

④ 地下油罐备用 DDC 故障。

⑤ 油泵故障或者处于手动状态。

7）地下油罐主用 DDC 与备用 DDC 之间的功能切换应能够自动完成，正常情况下主用 DDC 运行执行相关控制，只有主用 DDC 故障后才可以自动切换到备用 DDC，主用 DDC 与备用 DDC 之间采用心跳检测机制。

8）当地下油罐的控制器监测到地下油罐漏油时，应本地报警并且发送漏油报警信号到楼宇自控系统。

9）当地下油罐控制器监测到两个或两个以上的消防报警信号时，紧急关闭供油回路的主供油阀。

10）对供油室外暗埋管道进行漏油监测，当发生漏油时，漏油监测线缆把信号传入安装在供回油控制器的控制箱内的漏油监测控制器中。

10.5　数据中心动力及环境集中监控系统

动力与环境集中监控系统主要是对数据中心机房设备的运行状态、温度、湿度、水浸、供电的电压、电流等进行实时监控并记录数据，为机房高效的管理和安全运营提供有力的保证。系统监控数据包括数据中心机房模块内温湿度，漏水、漏油信号，UPS、精密配电柜、机柜内的温度等。

1. 系统架构

系统采用集散或分布式网络结构，易于扩展和维护，并具有显示、记录、控制、报警、分析和提示功能。环境监控平台能对机房温湿度监控系统、机房漏水监测系统、精密配电柜、精密空调等进行统一管理。各子系统的数据采集、数据存储、数据分析处理、报警、查询、报表及部分子系统的设置等功能全部通过环境监控平台实现。

系统架构由设备数据采集层、设备监控层和集中监控层组成。

1）设备数据采集层：由各种I/O采集模块等组成，连接所有传感器和被监控设备，实现监控平台与被监控对象的数据通信。所有硬件采用模块化架构，I/O模块采集传感器数据后通过系统配置实现对所有传感器的数据匹配对应；各种智能设备直接接入监控层。

2）设备监控层：由多个监控单元组成，负责收集与处理由设备采集层发送上来的数据。应根据系统总线数量、监控单元的处理能力、机房物理分区等条件设计多台监控单元。要求监控单元在网络中断时服务器仍可独立运行、存储数据及联动控制，网络恢复后，监控网关将采集的数据和处理后的结果、报警信息等进行断点上传。

3）集中监控层：由监控主/备服务器和各种客户端、终端等组成，集中监控服务器（主备机）负责整体系统的集中监控与调度，收集与处理由现场监控层发送上来的数据和报警。服务器应采用双机热备方式设计，确保监控系统的稳定可靠运行。监控服务器应支持客户端和 IE 的远程访问，用户可以在客户端上实现各种统计报表、告警管理、系统配置管理等。

2. 系统性能

动力与环境集中监控系统是一个针对设备运行环境的监控系统，它针对重要机电和环境设备进行全面、有效的监控和管理。任一机房区域内，动力环境监控系统出现故障或紧急情况并对系统运行造成影响时，其影响范围只应限于区域内的动力环境监控系统，不应对其他区域内动力环境系统的正常运行造成影响。

环境监测系统设计主要针对机房的供配电系统中列头配电柜、ATS 柜（模块机房外的变配电相关设备的监控接入电力监控子系统）、精密空调系统、环境温湿度、漏水检测系统等进行集中监测和管理。监控系统必须能全天 24h 运行，各系统监测内容如下：

1）列头配电柜：监测电压、电流、频率、同步、开关状态等；ATS 柜开关状态。

2）精密空调系统：回风温度、回风湿度、回风温度上限、回风湿度上限、回风温度下限、回风湿度下限、温度设定值、湿度设定值、空调运行状态、压缩机运行时间、加热百分比、制冷百分比、加热器运行状态、制冷器运行状态、除湿器运行状态、加湿器运行状态、温湿度变化曲线图、压缩机高压报警、压缩机低压报警、空调漏水报警、温湿度过高报警、温湿度过低报警、加湿器故障报警、主风扇过负荷报警、加湿器缺水报警、滤网堵塞报警等。

3）机房环境：模块机房内冷热通道温度、湿度测量，辅助房间及支持房间的环境温湿度测量。以电子地图方式实时显示并记录每个温湿度传感器所检测到的室内温度与湿度的数值，显示短时间段内的变化情况曲线图；并可设定每个温湿度传感器的温度与湿度的上限与下限值，当任意一个温湿度传感器检测到的数据超过设定的上限或下限时，监控主系统发出报警。

4）漏水报警系统：要求对精密空调区域有水管敷设区域进行

漏水报警监测。当空调或其沿线水管漏水时，监控主系统发出报警，并有相应的图示和文本框显示漏水发生的位置。对机房空调周围等设备漏水情况实时监测、报警等。以电子地图方式实时显示并记录漏水线缆感应到的漏水状态、漏水位置及漏水控制器的状态。当空调或其沿线水管漏水时，监控系统发出报警，并提示漏水发生的位置。

精密配电柜及精密空调设备自身配带监控系统，监控的主要参数通过通信协议满足设备监控系统的要求。

10.6 数据中心蓄电池监控系统

蓄电池监控系统一般由环境温度探头、电流传感器、采集器（采集模块）、控制器、监控主机等组成。蓄电池监控系统通常采用浏览器/服务器（B/S）或客户机/服务器（C/S）架构，服务器和终端分开部署。该系统可监视辖区内全部电池监控模块及每一只电池的运行参数及工作状态，对故障信息进行报警或预警，并且可对监控主机下达监测和控制命令。

该系统具备以下几个功能：

1）数据查询功能：本地监控系统与后台监控中心，可显示各项实时数据，进行参数设置及命令下发等操作，方便日常维护及传输出现问题时，维护人员进行现场数据查询及问题查看。数据查询响应速度应不得低于选型测试时响应时间周期。

2）数据上传、记录功能：数据上传时间周期应满足不得低于选型测试时上传时间周期。后台监控中心历史数据保存时间不少于100天（24h×100天）。主控模块应能保留单体电池的初始内阻，能显示出电池使用阶段的内阻恶化程度。

3）配置功能：在线配置和修改功能：系统可在线配置系统经常需要更改的信息，如报警级别、报警门限、报警屏蔽及报警过滤条件等，特别需要指出的是，内阻采集频度应可根据用户需求进行设置（小时、天、月）。

4）报警功能。

① 电池组充/放电电流，单电池电压上、下限（区分放电、浮充、均充状态），单体电池温度，内阻过限，监控系统自身设施故障报警。

② 告警阈值可根据用户需求设定，并有用户分级的权限控制，做到可以更改但不能随意更改。

③ 推荐采用多级报警方式，报警级别至少分为以下三级：

紧急报警：已经或即将危及设备及通信安全，应立即处理的报警。

重要报警：可能影响设备及通信安全，需要安排时间处理的报警。

一般报警：发生了不影响设备及通信安全但应注意的事件，需要向维护人员提示相关的信息、数据性能分析与统计。

④ 报警响应速度应不得低于选型测试时的响应速度。

⑤ 电池监控区域告警发生后须有蜂鸣器报警，告警消失后蜂鸣器停止报警。

⑥ 软件支持手动处理报警，并支持报警处理流程和信息保存（监控人员可以自行添加文字处理信息）。

5）数据性能分析与统计：监控系统能以直观的形式对性能数据进行显示，并能对收集的各性能数据进行分析，检测异常状态。统计和分析结果应能以报表、曲线图、直方图和饼状图等方式显示，并支持在同一张图表上呈现多个监控点历史数据的组合，便于维护分析。图形应包括：电池组的总电压变化曲线、电池组的充放电电流变化曲线、所有电池的单体电压充放电曲线和电池内阻的相对变化曲线。

6）监控系统后台监控中心能定期提供被监控对象的性能数据报告，应能产生规定的各种统计资料、图表、机历卡、交接班日志、派修工单等，并能够打印。

7）监控系统后台监控中心应包括以下统计报表及曲线图并可根据用户定制报表，定制数量 20 张：

① 日、月报警统计报表：包括电池监控系统中所有的报警事件。

② 日、月操作日志记录：包括交接班记录、对监控对象和监控系统本身的任何遥控、修改参数及配置等操作记录。

③ 日、月监测数据统计报表。

④ 任何一天的被监控对象运行参数或曲线。

10.7 数据中心基础设施管理系统

数据中心基础设施管理系统（DCIM）是近几年在数据中心管理领域兴起的一个热点话题，旨在采用统一的平台同时管理关键基础设施（如UPS、空调）以及IT基础架构（如服务器），并通过数据的分析和聚合，最大化数据中心的运营效率，提高可靠性。数据中心基础设施管理综合管理系统需要实现整个数据中心的集中管理，实现与各个监控子系统对接，获取各个监控子系统的告警、实时监控等数据。

该系统具有对各个监控子系统集成的能力，接口界面应标准化、规范化，接口协议应采用国际通用的接口标准，满足系统具有可扩展性的要求。系统应能提供多种标准化的对外接口，适合各种子系统的信息采集及数据通信能力，以方便接入上级集中监控平台及接入其他监控系统；系统应能提供南向集成接口，可支持接入各个监控子系统，支持的接口类型须包括但不限于：SNMP、Modbus-TCP/RCU、WebService Restful、BACnet、API、电信C接口。

1. 系统架构

系统采用主备网络结构，服务器及核心交换机均采用一主一备方式，保证系统安全可靠运行。对机房的动力和环境参数以及基础设施等进行集中监控，系统采用分布式结构，每层设置嵌入式服务器。通过TCP/IP网络将各信息采集节点与管理服务器相连。

系统架构包括数据采集、集中处理、管理服务、信息展示等4层。

1）数据采集层：数据中心基础设施监控管理系统的数据采集层设计为系统的数据入口，是系统管理所需基础设施数据的来源，其通过提供标准接口及协议，接收前端系统的监控数据。

2）集中处理层：集中处理层具备集中数据处理能力，对采集数据进行二次计算，形成上层管理所需的数据。比如，通过采集层采集的能耗数据，计算 PUE；通过配电、空调等设施状态数据，计算出数据中心当前可用性等级。

3）管理服务层：提供基础设施监控服务、能效管理服务、机房可用性监控服务、资产管理服务、容量管理服务、变更管理服务、报表报告服务、告警告知服务。随着数据中心管理成熟度的提高，增加功能模块扩展方式拓展系统管理功能，易满足数据中心管理需要，比如拓展增加工单管理、巡检管理等模块。

4）信息展示层：展示层提供包括移动终端、PC、大屏等方式，提供友好的用户交付界面；并提供参观展示界面描述数据中心基础设施运行状况。

2. 系统功能

1）大屏展示：提供 3D、高清晰、高可参观性、具有动态流体效果的页面。

2）电子巡检：需支持巡检路线制定，自动下发 APP，巡检过期未完成需记录；问题记录快捷，支持现场拍照记录，记录更详细；将数据电子化，做后续的质量分析和相关报表的展现。

3）配电系统：配电拓扑图、配电系统组态设计、配电系统组态监控、动态流动效果。

4）数据可视，可视画面层次感显示。如物理图层次，包括整体建筑、各个楼层、各个机房模块、各个微模块以及单设备；如逻辑图层次，包括电气系统、暖通空调系统、智能化系统、消防系统等；通过鼠标滑动或单机设备可详细显示设备的运行状态、运行参数、报警信息等。

5）视频管理：对监控视频的实时浏览，同时浏览多个摄像头；以机房视图为基础，实现摄像头可视化管理。

6）门禁管理：提供访问、事件、操作等记录，查看、导出、搜索等操作方式，方便用户查询；以机房视图为基础，实现门禁可视化管理。

7）联动管理：防入侵报警，报警后能通过调用摄像头或录像查看现场情况，防入侵实现电子地图动态可视化管理。

8）电池管理：监测系统能够实时检测电池组中所有单体的电池性能，包括浮充电压、放电电压、内阻及温度等，以确保准确定位有问题的电池；准确评估电池的寿命情况和充放电情况；历史数据曲线和表格查询、电池放电曲线。

9）容量管理：支持机架空间、配电能力、散热能力相关的信息统计与分析；支持对机柜内设备的迁移、增加、删除场景的设计能力；支持空间、制冷、配电组合查询机房可用机柜；支持 IT 服务管理（ITSM）系统机柜内设备上架数据导入。

10）温度云图：机柜前后两层温度云图，即每个机柜前后各安装两个温度探头；提供 TOP5 温度点（过热点、过冷点）分析。

11）能效管理：PUE（支持到机房级）、年、月能效分析、用电成本分析；PUE 计算范围：提供分区域、分系统、分设备类型的计算，PUE 值计算能具体到单个微模块；PUE 计算周期：最小单位为 h，计算全年、月的 PUE 值，计算周期和计算范围可自定义配置。

12）工单管理：支持多种报警方式（短信、声光、E-mail 等通知值班人员）。

10.8　未来数据中心智能化系统发展方向

1. 数字孪生技术打造 3D 可视化数据中心

数字孪生技术通过 3D 建模和仿真，将数据中心的建筑、空间、主要设备、管线、各辅助设备等进行 3D 可视化，打造一个 3D 可视化的数据中心数字孪生模型，将环境监控、设备状态和管理信息等呈现到三维可视化系统中，实现对数据中心全方位的展示，可以使相关管理人员从多个维度管理整个数据中心的方方面面，进一步提高数据中心的智能化，提高运营管理效率。

2. 5G+物联网技术打造智慧园区

通过在电子围栏、人脸识别、门禁管理、视频监控、电子巡更、访客管理、多系统联动等子系统中综合应用 5G、物联网、传感器、AR/VR、云计算和大数据等技术，对园区关键卡口、园区周界、关键区域进行全方位管控，实现全态感知、全域监控、端到端识别，提升数据中心园区综合管理效率，提高园区管理者的决策能力，助力园区第一时间、第一现场发现和解决问题。

3. 人工智能技术打造智慧化运营

人工智能技术在数据中心运用的主要方向有3个：①基于AI的人脸识别及相关运用；②基于AI大数据的智慧能效管理；③基于AI/AR/VR的智慧运维。

1）基于AI的人脸识别及相关运用：访客进入园区后，在接待处身份识别、发放带有访问权限的IC卡，刷人脸通过闸机，人脸识别特征图就被保存到服务器，访客在园区内通过在出入口、各楼层走廊、机房环境等部位安装人脸摄像机和人脸道闸、人脸门禁等，均被人脸识别并记录下来，在平面地图上和3D可视化系统可展示出人员实时追踪和轨迹查询、人数统计、人员布控、人员识别展示等。

2）基于AI大数据的智慧能效管理：基于AI大数据的智慧能源管理系统/能效监测系统，对各类能源（包括水、电、气以及绿色能源等）的使用进行监测管理，使用AI算法对能源进行持续优化。一方面对数据中心内已经运用的高效节能技术，在运营管理过程进行持续优化，提升能效；另一方面实现智慧能效管理，通过对IT设备、制冷、供电功耗和其他设备的能耗运行数据的大数据分析处理、AI智能算法，为运维管理人员提供参数调优、PUE预测、精细化PUE优化策略的建议，运维管理人员再通过对各系统应用层面进行能效调优管控，逐步实现基于AI的PUE能效智能节能优化。

3）基于AI/AR/VR的智慧运维：VR技术是一种能够创建和体验虚拟世界的计算机仿实系统，结合数据中心的数字孪生模型、管理平台和装备精良的智能运维机器人，可以形成一种多源信息交融的交互式的三维动态视景和实体行为的系统仿实，数据中心的运维人员不用去机房现场，只要佩戴上VR设备，可以沉浸式进入机房巡检，并指挥智能运维机器人开展运维工作。

第11章　建筑电气节能系统

随着数据中心云计算的快速发展，数据中心在规模和基础设施不断进步的同时，能耗问题已越来越被人们所关注。数据中心的效能水平即体现了数据中心的建设水平，又和数据中心总的运营成本息息相关，而如何对其进行全面且相对合理的平价，就成为业界的一个重要研究课题。

数据中心电能使用效率（PUE）定义为设备总用电量与 IT 设备用电量的比值，是国内外数据中心普遍接受和采用的一种衡量数据中心基础设施能效的指标。

该指标揭示了数据中心有多少能源被分配给了服务器、网络和存储等 IT 设备，以及有多少能源被用于冷却、照明和动力设备。碳排放利用率（CUE）旨在衡量数据中心的碳排放量。CUE 值的计算方法为数据中心总的 CO_2 排放量除以 IT 设备能耗。水资源使用效率（WUE）定义为数据中心单位 IT 设备用电量下数据中心的耗水量。

CUE 和 WUE 量化了那些被纯能耗指标所忽视的基本元素，这两个指标综合起来可以让数据中心考虑得更为全面。如果企业的主要电力来源是碳，那么 PUE 值可能会很低，但是 CUE 值却会很高。数据中心的规模越来越大，冷水系统作为大型数据中心的耗水量和水资源问题已经成为数据中心发展建设的瓶颈。如果仅做到了一个指标的降低，而不看另外两个指标，从节能角度来看也是不可取的。因此，要将三个指标甚至是更多的指标综合到一起进行分析，从多个层面对数据中心的能耗进行全面评估，不断对数据中心各系统进行优化，从而真正达到数据中心节能减排的目的。

11.1 电气设备节能

电气设备节能的目标是合理选用设备，构建系统，提高设备负荷率，使设备处于经济运行状态，降低能耗。

1. 高频 UPS

当前，在数据中心 UPS 系统的建设中，用户除了关注供电系统的安全可靠性以及系统可用性、可管理性、可扩展性等方面外，也更加关注供电系统的效率，因为作为数据中心建设核心构成部分，供电系统的效率也一定程度上影响了能耗比（PUE）高低。UPS 为常年不间断运行的设备，提高 UPS 整机效率是降低数据中心能耗的关键因素。

高频 UPS 是按数字电子电路原理设计的，主电路由 IGBT 整流器、充电器和 IGBT 逆变器等主要元器件构成。工频 UPS 是按模拟电子电路原理设计的，是由晶闸管整流器、IGBT 逆变器、逆变器输出回路升压/隔离变压器等主要元器件构成。

高频 UPS 具备良好的输入输出电气参数特性指标。高频 UPS 不但极大减少对电力系统的污染，且可减小对前端柴油发电机容量的配置需求，具有良好的经济意义和社会意义。

高频 UPS 效率高。同容量满负荷情况下，高频 UPS 效率较工频 UPS 提高 1%~2%。此外，因高频 UPS 的内部结构较工频 UPS 简易了很多，在维护成本上也有很大程度的节约。

高频 UPS 还具有体积小、重量轻的特点。采用高频 UPS 设备，可有效减少数据中心电源设备空间的占地要求。在重量方面，对电力室的承重要求大幅度降低，特别在当前大量旧厂房改造为数据中心项目中，这一特性可大量减少楼板加固工作量，大大缩减建设周期及加固费用。

此外，高频 UPS 对电网的适应能力较工频 UPS 强，甚至能适应输入电压±30%以上的变化，这大大延长了电池的寿命。

目前，高频 UPS 已成为 UPS 的主流设备。

2. 模块化 UPS

模块化 UPS 包括整流器、逆变器、静态旁路开关、附属的控制电路和 CPU 主控板等。最大的优点是能够提高系统的可靠性和可用性。任何一个模块发生故障后，其冗余设计便会充分发挥效用，全面保障设备正常运转，并不会影响其他模块的正常工作，且可通过热插拔特性缩短系统的安装和修复时间。

此外，模块化 UPS 能够给用户带来更好的可扩展性，用户还可根据需要选择超过一次容错率的冗余，帮助用户在未来发展方向尚不明确的情况下分阶段进行建设和投资。当用户负荷需要增加时，只需根据规划，阶段性地增加功率模块即可。

3. 高压直流（HVDC）

高压直流（HVDC）供配电技术是在供配电系统中将市电交流电进行转换，转换成稳定输出的直流电，然后再应用到设备中。HVDC 供配电技术不存在感抗，容抗也在线路中不起作用，不存在同步问题，同时也不存在无功功率的传递过程。图 11-1-1 为 HVDC 原理的实际拓扑图，除了将传统的交流输出变成直流输出外，在转换级数上并未减少，单一的 HVDC 设备节能效果并不是十分明显。

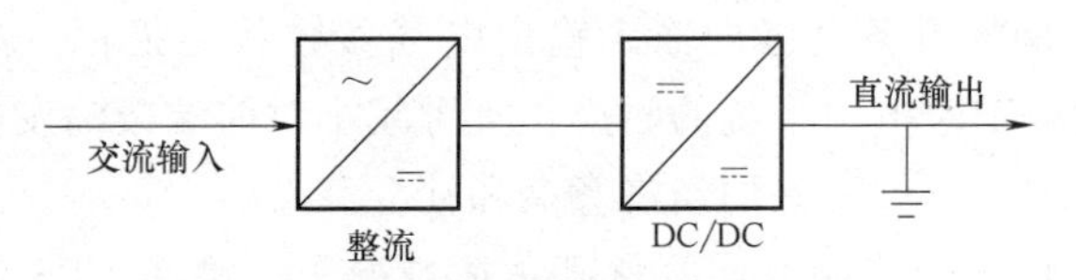

图 11-1-1 HVDC 原理的实际拓扑图

HVDC 设备在数据中心中的应用之所以节能效果显著，主要是因为采用了以下方法：

1）市电+HVDC 混合使用。

2）HVDC 模块休眠，以保证最大经济负荷率。

3）通过技术手段定制 IT 设备电源模块，使得设备优先使用市电，HVDC 回路保持有压无流状态，以提高系统效率。

HVDC 通过整流、调压输出、储能等措施实现更高效、更紧凑、更综合和更大功率的输出的需求。

整流模块将输入的交流电转换成直流电输出。随着 IT 设备单机容量的不断增加，整流模块通过并联扩容，可以通过检测终端负载使用率自动调节并联模块数量，以达到容量和负荷率的最佳适配。为了适应数据中心电网统一性和柔性配电的需求，整流单元还需要具备直流电压可调和稳压的功能，即直流电压可以调节为 DC 540~750V 的电压水平，以接入综合环保发电设备（风电、太阳能发电、地热发电、潮汐发电、低压柴油发电机发电、燃料电池等）的能量。

调压输出模块分直流调压模块和交流调压模块。电压调节范围在 DC 200~500V，通过并联扩容，可以通过检测终端负荷使用率自动调节并联模块数量，以达到容量和负荷率的最佳适配，如图 11-1-2 所示。交流调压模块可以从整流模块侧取电后逆变成三相交流电源，供给风机、水泵等大功率三相电动机负荷使用，同时具备调压调频功能，如图 11-1-3 所示。可以根据负荷的实际工况动态调节电机运行，以达到提高风机泵类负荷效率和节能的作用。

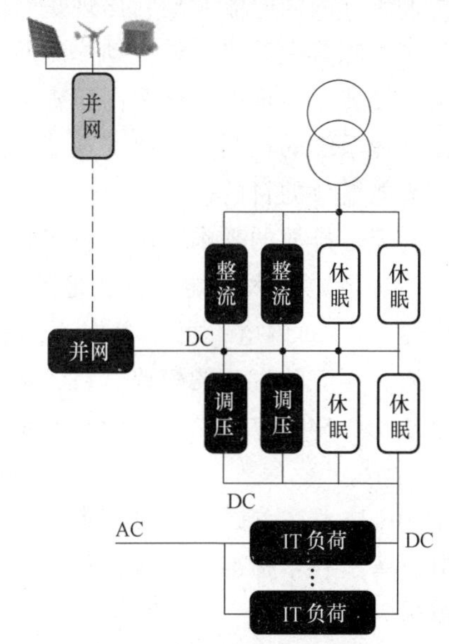

图 11-1-2　整流模块的休眠和新能源的并网接入

此外，高压直流配电设备之间可以做并网连接或者冗余并联，直流母线并联采用专用的直流并网装置做保护和连接使用，直流并

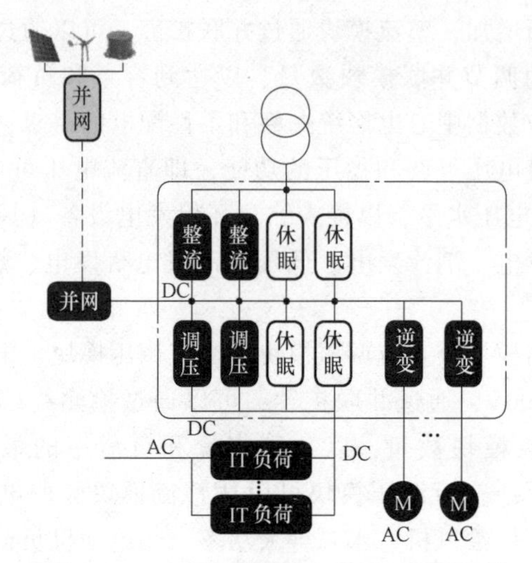

图 11-1-3 从直流电网取电给动力设备供电

网装置可实时检测直流电网的电流波动，出现短路问题时，可迅速切断故障网络，并向电源管理系统示警，动作时间<10ms。

通过直流并网连接装置，可以将多个高压直流配电设备联为环网，通过综合电源管理系统的控制，可以实现能量的综合配置和均衡，达到整个系统节能增效的目的。

为了迎合未来低碳零排放的需求，高压直流配电设备应支持多种低压环保发电设备（风电、太阳能发电、地热发电、潮汐发电、飞轮储能、燃料电池等）的供电，可以根据不同的发电设备，提供对应的交流转直流、直流转直流的模块，将各种电源统一调节到统一的直流电网电压 DC 540~750V，并网到直流电网之上，综合利用，如图 11-1-4 所示。

由此可见，HVDC 技术在数据中心的节能应用应该是一个系统工程，与后端用电设备、技术标准、产业链保障相结合才能够体现出系统性的节能效果。

随着对 PUE 的要求越来越高，设备单机负荷越来越大，系统设备的建设和部署趋于模块化、标准化的趋势下，作为配电的高压直流电源需要有更高效、更紧凑、更综合和更大功率的输出的需求。

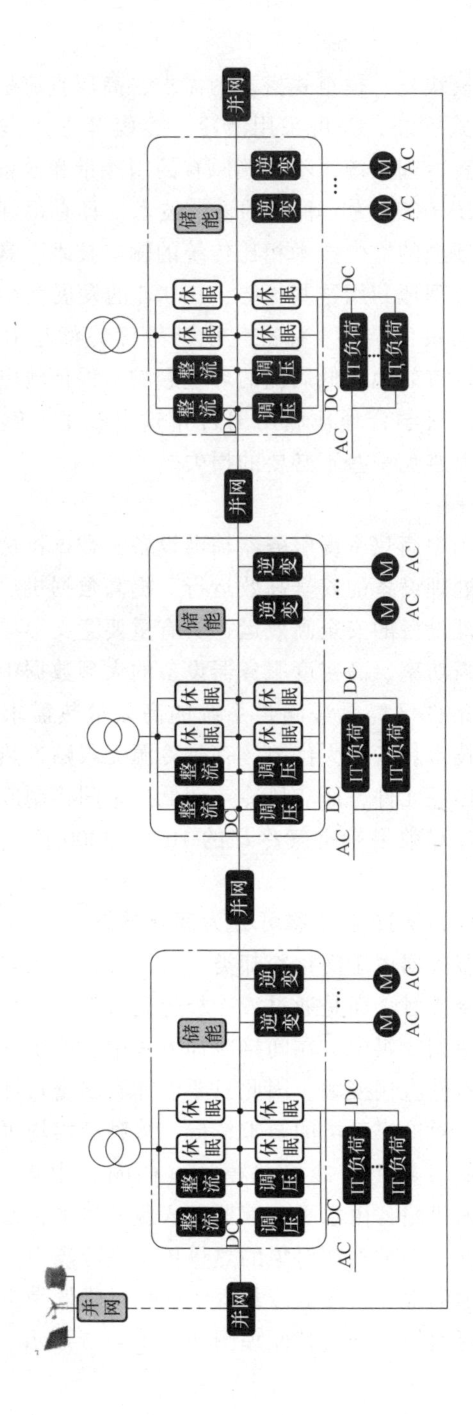

图 11-1-4　柔性电网的冗余并网

为顺应数据中心模块化、模组式搭建的需求，高压直流配电系统应可以适应集装箱式安装，并可采用液冷、冷媒等方式作为冷却方式，可以灵活配置冷却系统，不依赖原有的制冷量和设备空间。

综上所述，HVDC 作为一种新的输电技术，具有很好的发展前景，同时，这种新型的输电技术相比传统的输电技术，具有很多的优势，只要我们合理地利用这些优势，HVDC 的发展就会变得越来越迅速。其次，模块化结构、标准化设计等优势都是 HVDC 所具备的优点，它可以有效地降低周围的环境影响，保证输电质量。由此我们可以看出，科学合理地利用 HVDC 输电技术能够提高电能质量，另外还可以避免一些不必要的损失。

4. 液冷服务器

作为工程应用中高热密度服务器辅助设备，数据机房的散热效果直接影响数据处理设备的安全高效运行。提高数据机房的散热能力对实现数据处理设备的安全高效运行具有重要意义。

对于承载着高功率、高密度服务器设备的大型数据中心，空气冷却技术的风冷条件已经无法满足系统的高效散热需求。相比之下，液冷型制冷技术具备两大优势：一是冷源无限贴近热源，充分吸收服务器中高热耗元件，而非风冷空调低效率间接制冷；二是单位体积下，液冷冷却效果是空气冷却的 1000~3000 倍，从而大幅降低制冷能耗。

按照系统模式，液冷服务器可分为间接冷却和直接冷却两大类。冷板式液冷服务器属于间接冷却类，其原理是冷媒与被冷却对象分离，并不直接接触，而是通过液冷板等高效热传导部件将被冷却对象的热量传递到冷媒中。在间接冷却方式中，冷媒有其自身通路，并不与电子器件直接接触，因此只要液体管路密封性好、冷媒不泄漏，那么系统对冷媒种类的要求较低，多种冷媒均可实现其功能。冷板式液冷服务器由液冷换热模块（CDM）中输出制冷剂，由竖直分液器送入机箱，由水平分液器送入服务器中，通过液冷板等高效热传导部件，将被冷却对象的热量传递到冷媒中。利用液体作为中间热量传输的媒介，降低冷却系统能耗且降低噪声，无泄漏风险，功率密度可大幅提升。其原理图如图 11-1-5 所示。

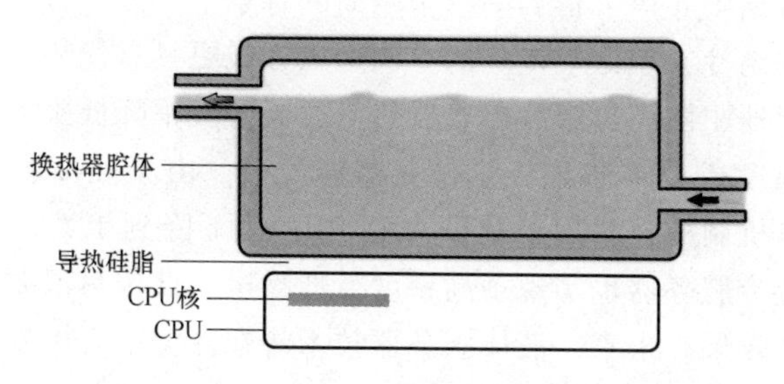

图 11-1-5　冷板式液冷服务器原理示意图

冷板式液冷通常分为槽道冷却、微槽道冷却、液体喷射冷却等。目前稳定性及可靠性较高的运用是槽道冷却及微槽道冷却，由于槽道冷却的冷板面积通常较大，无法大面积使用在数据中心的服务器中，而微槽道冷却在分流技术及换热效率上取得了长足的进步，在数据中心中的运用越来越广泛。

浸没式液冷服务器属于直接冷却类。其原理是将被冷却对象完全浸没在冷媒中，在工作状态下，被冷却对象产生热量，通过冷媒吸收热量并将热量直接带走，减少了传热过程中的热阻，相比冷板式液冷，浸没式液冷技术具有更高的传热效率，同时，因冷媒与冷却对象直接接触存在漏液风险，需设置漏液报警及相应的保护措施。

浸没式液冷系统是由机柜和液冷机组成，机柜里采用特殊的工程液体为热传递介质。通常这类工程液体拥有几大物理特性：沸点低、与水不相容、无毒、透明、无味、绝缘、阻燃、表面张力低、黏度低。只有具有这些特性才适合作为浸泡式液冷系统的热传递介质。这种系统使用不需要风扇和散热器的新架构服务器，或者把目前风冷散热为主的服务器里所有风扇拆下来，浸没在工程液体里，服务器里面所有硬件直接跟工程液体接触，吸热后达到液体饱和温度（40~60℃）自动蒸发，利用液体汽化潜热将热量带出，通过液冷机循环系统将气体冷凝变回液体，实现自循环将热量散发。这样的机房环境温度基本上不需要机械制冷散热系统，可大幅度降低机房耗电量。

在数据中心单机柜功率越来越高的背景下，液冷方式为服务器进行精准制冷，相比于传统的空调送风方式更具有优势，不仅能够有效快速地驱散高热密度服务器热量，同时大幅降低服务器风机功耗，大幅提高 CPU 性能，延长元器件寿命。由于液冷服务器不再使用压缩机制冷，实现了数据中心 PUE 值下降到 1.2 以下的节能目标。液冷服务器也实现了高密度、低噪声、低传热温差、全年自然冷却的效果。未来，液体服务器技术将在数据中心中发挥不可或缺的作用。

5. 精密空调调速节能控制柜

空调的运行能耗占到数据中心总能耗的 35%左右，是数据中心运营的主要能耗之一。在设计时，机房空调所选配的制冷量是匹配机房 IT 设备满负荷的，且一般都会留有一定的富余量，但在机房的实际运营中，机房的 IT 负荷基本都是分批、分阶段上架，精密空调设备在绝大多数的时间内都是处在半负荷以下波动运行的，所以实际负荷总是不能达到最大负荷。很多机房运行多年仍旧处于较低负荷下应用，机房空调的制冷量长期过剩，存在大马拉小车的现象，为使机房的温度保持恒定，机房空调将频繁的起停，引起机房温度波动较大，也使空调的效率降低，存在较大的能耗浪费。

在精密空调压缩机、室内风机供电前端增加调速节能控制柜，控制柜利用计算机控制技术、模块化技术、系统智能集成技术和变频调速技术，采集室内的温度信号，再由节能控制柜的控制器根据蒸汽压缩式制冷理论循环热力计算结果输出相应控制信号控制压缩机、室内风机的工作频率，通过降低压缩机与风机的转速，使单位时间内通过冷凝器和蒸发器的冷媒流量下降，实现精密空调流量系统运行的智能化控制，可随时切换运行模式，自动优化空调的运行工况，机房温度得以精确控制，降低无效能耗的输出，进而达到降低能耗的目的。

节能控制柜、智能电量仪及温度采集系统作为能源管理系统的采集层通过互联网上传信息点，由采集网关负责集成底层设备及传感器的信息，经过传输网，与能效管理云平台实现信息交互。同时采集网关具备本地存储信息及断点续传功能。由能效管理云平台统计测试站点的空调能耗信息、机房环境数据和监控空调节能控制柜的运行状态。对企业能源输配和消耗情况实施动态监测、控制和优化管理，不断加强企业对能源的平衡、调度、分析和预测能力，实现节能减排的精准化管控。控制柜投入使用后，整机年节能率可达30%，交流电压谐波可低于5%，实际制冷效率提升3%以上。

11.2 电气系统节能

电气系统为数据中心各用电设备提供工作电源，作为数据运行的可靠支撑，通过电气系统降低能耗成为绿色数据中心项目的重要建设内容。

1. 微模块数据中心

微模块数据中心系统是集成化、产品化、模块化、标准化的机柜系统，它是将传统机房的机架、空调、消防、布线、配电、监控、照明等系统集成为一体化的综合产品方案，具有快速、灵活、简便、可预测等明显优点。它是以若干机架为基本单位，包含制冷模块、供配电模块、后备电源以及网络、布线、监控、消防等系统在内的独立的运行单元。该模块全部组件可在工厂预制，并可方便拆卸、快速组装，这不仅可以大幅降低建设成本，而且能够大幅缩短数据中心的建设周期。

微模块数据中心采用模块化、标准化和高整合设计，使得整个系统稳定度高。按照行业标准对数据中心场地进行微模块划分，即把整个数据中心分为若干个独立区域，在每个区域的模块内集成了机架系统、供配电系统、监控管理系统、制冷系统、综合布线系统、防雷接地系统和消防系统等数据中心各核心部件。模块间各系统相对独立，互不干扰，可以独立运行，无共用部分。

智能的管理系统能够帮助客户节能降耗，实现数据机房多层级、精细化能耗管理，通过多种报表精确定位能源额外损耗点。基于大数据分析，输出节能优化方案，构建绿色数据机房。同时帮助用户制定资产维护计划，在维护计划内帮助客户实现主动预警，同时可动态调整维护计划，按照当前实际情况输出优化方案，构建最佳资产管理功能。与传统数据中心相比，可节电约 15%；PUE 可达到 1.5 以下。微模块数据中心组成示意图如图 11-2-1 所示。

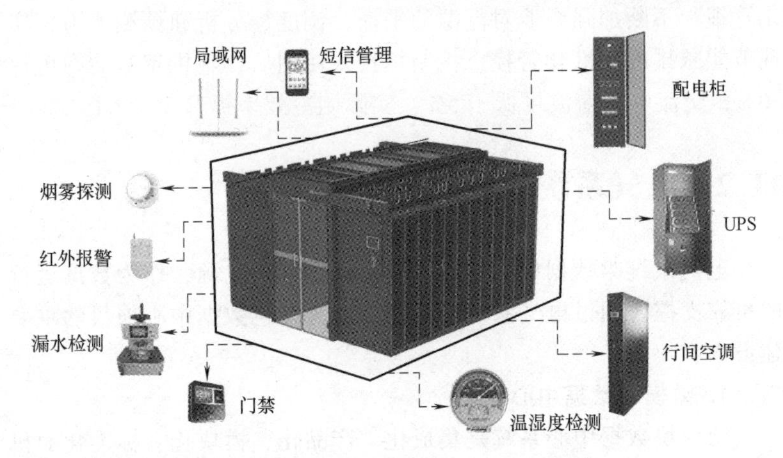

图 11-2-1 微模块数据中心组成示意图

数据中心传统建设方案的劣势正好是微模块数据中心建设方案的优势，具体如下：

(1) 快速部署

微模块数据中心将很多传统数据中心的工作界面转移到工厂预制，比如：原来需要现场敷设的部分桥架可在工厂就预装在微模块顶部，现场无须再做这部分工程，防静电地板也由工厂预制的底座所取代；强弱电布线、接地、照明等都在工厂预制了标准的安装位和规格，节省了现场定位、勘察和施工等。

(2) 方便扩展，按需建设，弹性投入，节约机房空间

采用微模块的架构，数据中心可以根据业务需求逐步增加，因此可从一个微模块到几十个微模块根据需求分期建设。传统数据中心由于制冷系统设计的限制，使单机架的散热能力受到很大局限。一般来讲，单机架的功耗在 3kW 左右，再高散热就会成为瓶颈。微模块数据中心的单机架功率可做到 9kW 以上，相比传统机房提高了 3 倍以上。相同功率的设备原来需要 3 个机架放置，而在微模块中只需要 1 个机架。

（3）节能减排

微模块数据中心采用多种设计和技术来提高数据中心的能效水平，节能效果明显。比如：冷热通道的封闭和隔离使空调系统的冷量集中在较小空间，全部供热源利用，大大减少了冷量的损失；空调回风温度很容易得到提高，大大提高了制冷系统的效率；行间空调、模块化 UPS、密闭通道、高集成配电柜的联合应用，使 PUE 降至 1.5 以下。

（4）一体化的数据中心管控系统简化了管理界面

微模块数据中心统一管理系统集基础设施（传感器、智能设备）、IT 设施、云计算的运维和运营管理于一身，改变了传统数据中心多层级不同系统并存难以管理的现状，大大减少了运维的工作量。

2. 微型浸没液冷边缘计算数据中心

浸没式液冷系统是由机柜和液冷机组成，机柜里采用高比热容的液体作为热量传输介质满足服务器等 IT 设备散热需求的一种冷却方式。通常这类工程液体拥有几大物理特性：沸点低、与水不相容、无毒、透明、无味、绝缘、阻燃、表面张力低、黏度低。只有具有这些特性才适合作为浸没式液冷系统的热传递介质。这种系统使用不需要风扇和散热器的新架构服务器，或者把目前风冷散热为主的服务器里所有风扇拆下来，浸没在工程液体里，服务器里面所有硬件直接跟工程液体接触，吸热后达到液体饱和温度（40～60℃）自动蒸发，利用液体汽化潜热将热量带出，通过液冷机循环系统将气体冷凝变回液体，实现自循环将热量散发。这样的机房环境温度基本上不需要机械制冷散热系统，可大幅度降低机房耗电量。浸没液冷属于直接接触型液冷方式，因其明显的制冷效果，液冷技术已经在超算、普通服务器设施上得到快速的应用。

微型浸没液冷边缘计算数据中心由微型液冷机柜、热交换器、二次冷却设备、电子信息设备、硬件资源管理平台等组成。IT 设备完全浸没在注满冷却液的液冷机柜中，通过冷却液直接散热，冷却液再通过小功率变频循环泵驱动，循环到板式换热器与制冷系统进行冷量交换，液冷散热后的热水可以二次利用，用于用户侧的热水使用，达到节能目的。该系统年均 PUE 最低可至 1.1，单机柜 IT 可用高度为 13～42U（1U＝44.5mm），可用 IT 功率密度为 5～50kW，机柜运行噪声为 42dB（A），具有高效散热、高度融合、快速部署、节省能耗、低噪声等特点。

3. 分布式光伏并网发电技术

光伏并网发电是将太阳能组件产生的直流电经过并网逆变器转换成与市电同频率、同相位的正弦波电流，直接接入公共电网。在光伏发电并网中，并网逆变器的设计是核心内容和关键技术。几种光伏并网逆变器拓扑结构如图 11-2-2 所示。

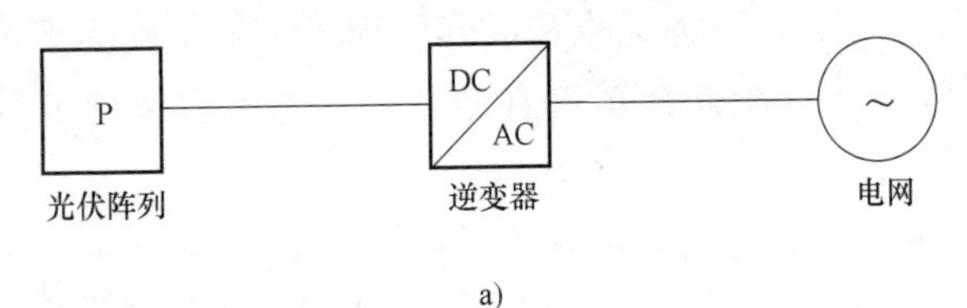

a)

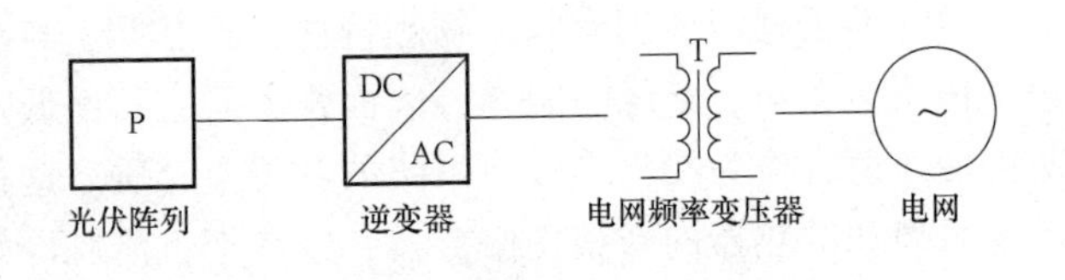

b)

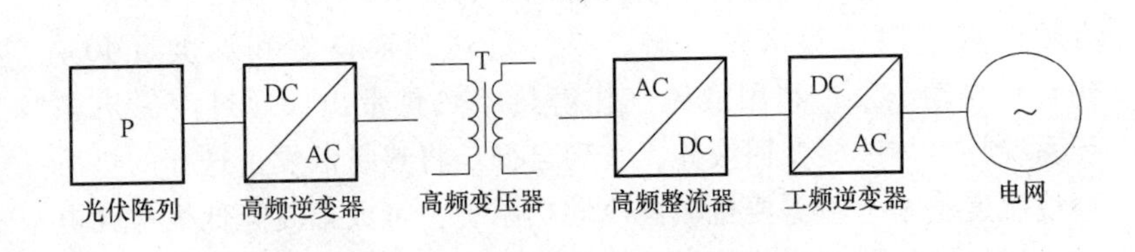

c)

图 11-2-2　光伏并网逆变器拓扑图

a）单级无变压器方式　b）单级电网频率变压器绝缘方式　c）多级高频变压器绝缘方式

随着并网逆变器由单级向多级发展，电能转换级数也随之增加，但是单级结构具有结构简单、损耗少、易控制等优点，因此为了结合两者的优点，逆变器发展出集中型、串级型、模块集成型等结构。并网逆变器最大效率达到 98.9%，总谐波失真在 3%以内。

且随着光伏系统建设成本尤其是组件价格的进一步下降，未来投资成本也会大幅减低。

11.3　电气运维节能

随着国内数据中心建设的蓬勃兴起，各类数据中心规划设计和运维管理应用实践也在不断发展，数据中心基础设施的运维管理涉及数据中心的方方面面，通过多维度、全方位的管控技术手段，有助于数据中心运维管理人员掌握数据中心基础设施运行当前状态与未来可能出现的发展趋势，便于管理数据中心资产、基础设施资源和能耗，提高基础设施可用性、资源利用率、管理效率与能效，达到节能的目的。

1. 数据中心能耗监测及运维管理系统

数据中心能耗监测及运维管理系统可以分为配电系统监测和机房环境综合监控两部分。在配电系统监测方面，通过全套的末端设备及监测主机，可以实现从供电侧到用电侧的在线监测。在机房环境监测方面，动力环境综合监控系统可以利用新型传感器技术，实现对机房内配电、空调、蓄电池等多种动力设备和温湿度、水浸等环境中各种参数的遥测、遥信和遥控，实时监测其运行参数，诊断和处理故障，记录和分析相关数据。

数据中心能耗监测及运维管理系统可实现对数据中心机房内外的动力系统运行环境进行实时监测。通过监测可以实现电能质量管理、能源成本整体管理，设备维护与控制、提高能源的使用效率、优化能源成本、增强动力系统的可靠性和有效性。通过对数据中心基础设施及IT基础架构的全面监测及分析，制定出最优的节能措施和解决办法，对各系统进行实时控制，实现数据中心能效最优。与常规数据中心相比，节电可达30%以上。

2. 移动式能效环境集成测量系统

移动测量系统能够很好地解决数据中心快速、大量环境数据采集的问题，该系统可以在机房内移动，并将布置在系统各层上的传感器采集到的环境数据与位置信息对应起来，从而获得整个数据中心的环境参数分布情况。

移动式能效环境集成监测系统由车载检测主站平台、数据服务器、能效检测终端设备以及相应的通信终端设备组成，主要实现能效数据采集、系统及设备终端数据监测、能效建模分析等功能。采用移动式测量平台，运维人员可以短时间内完成机房空间内各种数据进行采集，运用采集服务器统一记录所检测的设备信息、状态信息、能效数据信息，方便数据的深入挖掘及分析，发现机房潜在的环境和制冷系统能耗问题，有助于运维人员更全面地检测机房设备运行状态数据与能效数据，提高运维人员的工作效率。

3. 集群系统综合调度节能办法及装置

集群计算系统是一种由互相连接的计算机分机组成的并行或分布式系统，可以作为单独、统一的计算资源来使用。计算机集群应用越来越广泛，计算机集群的能耗问题也就同时成了近年来行业关注的热点。这些集群计算系统（比如大型的云计算系统、超级计算机系统等）的运行设备或分机较多，但是在日常情况下利用率不足，能耗巨大。综合调度首先需要获取集群系统中每个分机的负荷数据和环境数据，监控分机的运行状况数据，随后动态刷新所述调度表，按照利用率优先级从高到低的顺序依次向带有超临界标志的并且是低于预设利用率优先级的分机发送调度请求。其中所述调度处理包括对分机进行的开启、关闭、预热和迁移操作，实现对集群系统综合调度节能。流程示意如图 11-3-1 所示。

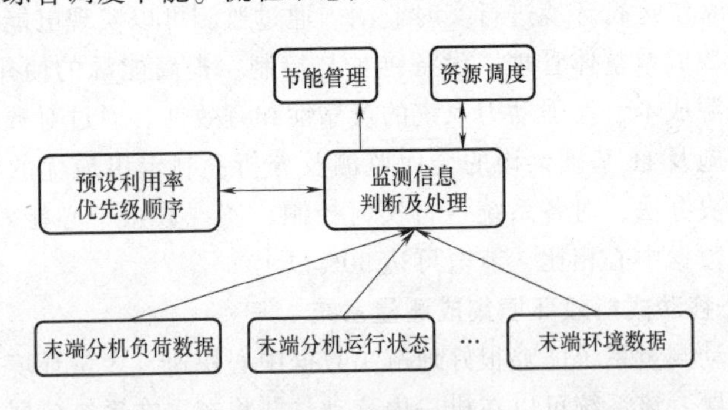

图 11-3-1　集群系统综合调度节能办法流程示意图

该系统可以为集群计算机系统提供：分机智能错峰关闭、开机预热加速、过热耗电保护等功能。

此套装置主要适用于各单位自用和大型租赁式数据中心、超级计算机中心等。投资仅需机房数据中心投入的10%；投资回收期为5年。

4. 数据中心后备储能管理系统

数据中心出于供电可靠性的要求，配套建设时，对于IT设备和空调末端都配置了大量的UPS设备和蓄电池组，为数据中心储能提供必要条件。电池循环寿命大幅提高的储能型蓄电池和储能型UPS等新技术应用到数据中心领域，为数据中心储能扫清了最后障碍。数据中心的负荷特性、运营方式和国家峰谷电价的政策，都给储能系统在数据中心的应用提供了发展机遇。在众多储能技术中，以铅碳电池等为主导的电化学储能技术，在安全性、循环使用寿命和经济性等方面均在不断研发并取得重大突破。储能式UPS作为储能技术的配套产品，具备普通UPS的全部功能，同时具备高效率、高可靠性和低运营成本等优势，已成为储能电池在数据中心的标准配套产品。

数据中心后备储能管理系统主要由单体电池采集模块、电池监控主机、电池集中监控软件组成，单体电池采集模块通过有线的方式与电池监控主机进行信息交互，通过电池集中监控软件对所有蓄电池进行统一监控管理，在完成对电池的内阻、电压、温度等参数的实时监测基础上，结合国家电网峰谷电价的政策，系统可以进一步实现对电池充放电的控制。随着数据中心高速发展，储能系统必将在数据中心领域得到更广泛的应用。

5. 数据中心峰值功耗动态管控技术

数据中心现阶段的建设规模支撑了国内大数据的快速发展，但大部分数据中心也暴露出了内部机柜利用率低下的问题。数据中心峰值功耗动态管控技术将数据中心服务器以及机柜层面的功耗感知能力融合到云操作系统的资源调度中，在机柜层面或者是数据中心层面实现了机柜部署功耗能力的池化管理以及按需智能分配。也就是把硬件网络设备中的同类资源整合成一个资源池，不同的设备能够任意整合，在软件的动态感知业务的资源需求，利用硬件重组的能力来满足各类应用的需要。动态管控技术可以提升机柜服务器平均上架率约 20%，最高可至 30%；数据中心实际建设功率平均利用率提高 20%，实际建设功率的单位性能产出平均提升 10%。

6. 软件定义数据中心技术

采用计算虚拟化、分布式存储、网络功能虚拟化和智能运维等先进技术，将所有的计算、存储、可用性、网络等传统硬件资源通过软件对固件进行解耦合实现数据中心模块的虚拟化，再通过软件技术以自动化的方式重组实现模块的灵活拼装。使用 X86 服务器构建软件定义的计算、存储和网络资源池，赋予数据中心快速交付和弹性调度 IT 资源的能力，并能统一管理硬件和虚拟化资源，显著提高 IT 资源的使用率。与传统数据中心相比，IT 系统可节约投资约 30%。

11.4 其他

除以上介绍的各节能措施外，还有以下新型节能技术。

1. 磁光电融合存储技术

磁光电混合存储技术的原理是将数据按照热度分别存储在全固态硬盘（SSD）、磁盘（HDD）和光盘库上，SSD 或者 HDD 阵列构成数据缓冲区，提供高 I/O 带宽和高可扩展性，光盘库提供安全可靠的低能耗长期存储服务，且数据可随热度的变化在三者之间智能化迁移。磁光电混合存储技术既可发挥光盘存储大容量、长寿命、低成本、低功耗和高安全性的优点，又克服了光盘存储速度慢的缺点，同时将磁、光、电三种存储介质整合成一个逻辑存储设备，为用户提供统一的文件访问的标准接口，有效降低数据中心初期建设成本和后期的运维成本，是目前综合性能最好的存储技术，可满足大数据对长效存储设备的要求。磁光电混合存储设备要实现低成本、高性能的大数据存储，除了系统集成架构，还需要软硬件两方面关键技术的支撑。磁光电混合存储系统结构涉及分层/分布式存储法、基于磁光阵列存储法、介质用量最优组合三项关键技术。其中，分层/分布式存储法获得广泛应用并成为未来发展的重点。

结合蓝光光盘和硬盘存储各自的特点，采用磁光电多级存储融合和全光盘库虚拟化存储机制，将固态存储（电）、硬盘（磁）、光存储（光）有机结合组成一个存储系统，分别对应热、温、冷数据的存储。提供适合数据中心应用的存取接口。存储设备可节电约80%。

2. 长效大容量光盘库存储技术

长效光盘库存储技术由光盘库存储设备和光盘库管理服务器和软件配合实现。该技术充分利用蓝光光盘可靠长效存储的特点构造高密度光盘库库体，能够在单体内容纳和存取万张光盘，并通过机电一体化调度技术对光盘进行科学智能化管理，实现海量信息数据的长期安全存储、快速调阅查询和专业归档管理以及智能化离线管理，具有防黑客、抗电磁干扰、节能环保、无辐射等功能。存储设备可节电约80%。

随着光存储技术的不断发展，以及人们对数据安全性和可查询性的要求不断提高，光盘库作为一种海量、安全的信息存储设备，正发挥着越来越重要的作用。光盘库具有数据存储密度高、容量大、盘片易更换、携带方便、使用寿命长、对环境要求低、维护和使用成本低、数据复制简单、使用效率高、管理简便、安全可靠、升级容易、更新快捷等综合性特点，符合国家绿色、低碳、环保的要求，而且采用光盘库存储还可以实现：

1）具有可大量扩充的性价比高的存储空间。

2）使不经常使用的数据得到保护性存储。

3）同时能兼顾数据对存取速度的要求。

4）运行维护成本低。

第12章 典型案例

大型数据中心典型案例供配电系统见表12-0-1。

表12-0-1 大型数据中心典型案例供配电系统统计

项目名称	中国建设银行北京生产基地	中国联通贵安云数据基地建设项目	中航信嘉兴灾备中心项目	百度云计算（阳泉）中心	中国建设银行武汉生产基地（灾备中心）
高低压变配电系统	从三处110kV区域变电站共引入24路10kV电源，变配电系统采用2*N*模式，同组互为备用的两路电源分别引自不同的区域变电站	从110kV区域变电站共引入8路独立的10kV电源，其中4路为数据厂房供电，另外4路为机房楼供电	从两处110kV区域变电站共引入8路20kV电源。变配电系统采用2*N*模式，同组互为备用的两路电源分别引自不同的区域变电站	三路110kV电源进线，设三台50MW变压器，8个模组，每个模组引入两路10kV电源	共采用12路10kV电源进线，配电系统依据Uptime TierⅣ标准，采用2*N*的模式
后备柴油发电机系统	配置71台10kV柴油发电机组，每台柴油发电机组设置在独立房间内，实现物理隔离。6组（*N*+1模式）独立并机运行，每组并机采用高于国家标准A级要求的双母线并机系统	配置24台10kV柴油发电机组，每台柴油发电机组设置在独立房间内，实现物理隔离。4组（*N*+1模式）独立并机运行。每套并机系统配置一套自动化控制系统	由0.4kV柴油发电机组经过升压至20kV后，再采用多组机组并机的方式，与20kV市电进行切换后进行供电。柴油发电机系统采用4组7+1架构方式	配置36台10kV柴油发电机组，在高压侧采用并机系统，*N*+1模式配置	柴油发电机系统在高压侧采用并机系统，*N*+1模式配置；每个发电机将配备一个独立的落地式双路断开器/隔离开关

（续）

项目名称	中国建设银行北京生产基地	中国联通贵安云数据基地建设项目	中航信嘉兴灾备中心项目	百度云计算（阳泉）中心	中国建设银行武汉生产基地（灾备中心）
不间断电源系统	采用 2N 模式，设备分别布置在不同的物理空间内，满足设备物理隔离的要求	为微模块供电的 UPS 系统设置两组电源微模块，机房楼内 UPS 系统采用传统 2N 系统 UPS，均采用模块化 UPS 设备	采用 2N 模式，对于 A 级机房，每个模块按 2N 方式配置。对于 B 级机房，每个模块按 $N+1$ 方式配置	市电 + UPS、市电 + 高压直流（HVDC）、市电 + UPS ECO、市电 + 高压直流离线	UPS 系统采用标准模块化设计，在扩展时由于和初期配置相同，可非常方便地进行复制
持续供冷电源系统	采用一路市电+一路 UPS 系统，UPS 采用 $N+1$ 模式冗余，满足市电或者冷冻机故障时，备用柴油发电机组或备用冷冻机投入前，对持续供冷设备的不间断性供电			每个模组的空调系统相对独立，制冷系统采用模组化设计，具有独立的冷源、蓄冷罐和管道输送系统	动力配电系统配有专门的 UPS 系统，可根据机房各功能区域的需要灵活分配 UPS 电源

12.1 中国建设银行北京生产基地

1. 项目概况

中国建设银行北京生产基地项目位于北京市海淀区北清路中关村创新园内。数据中心功能区由三栋数据机房楼和一栋柴油发电机楼组成。项目投产使用后，本项目作为全亚洲规模最大的金融级别数据中心，承担着中国建设银行所有金融数据后台处理职能。项目主要指标见表 12-1-1。项目俯视效果如图 12-1-1 所示。

表 12-1-1　项目主要指标（一）

占地面积	5.3 万 m^2	总建筑面积	13.5 万 m^2
建筑高度	23.8m	主机房模块地板面积	4.5 万 m^2
机房建设等级	T3/A 级	建安投资	达 45.4 亿元
设计时间	2011 年	竣工时间	2017 年

（续）

建设单位	中国建设银行股份有限公司
设计单位	中国建筑设计研究院有限公司
施工单位	中国建筑股份有限公司
获奖情况	获得2013年度中国数据中心优秀设计方案、2019年度优秀（公共）建筑设计三等奖，中设协北京市2019年度行业优秀勘察设计二等奖

图12-1-1　中国建设银行北京生产基地项目俯视效果图

2. 10kV-ATCS系统

同组的两路10kV市电进线N1和N2分别通过主进断路器1QF和2QF输入至两段10kV母线Ⅰ段和Ⅱ段，并且母线间设置联络5QF，两路柴油发电机并机电源G1和G2分别通过主进线断路器3QF和4QF输入到两段10kV母线Ⅰ段和Ⅱ段，作为备用电源。系统结构图如图12-1-2所示。

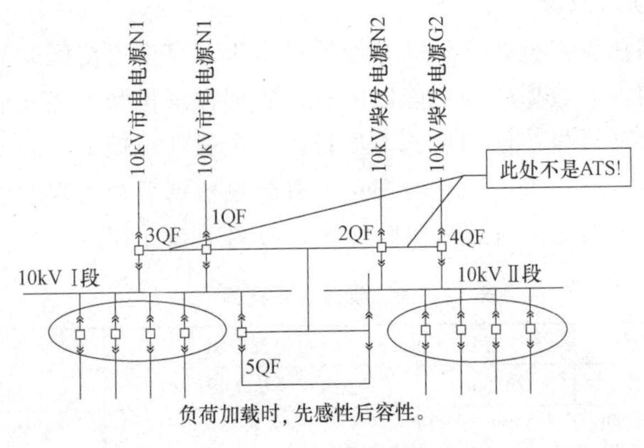

图12-1-2　系统结构图

对于4进线（2市电2柴发）1母联的系统，设置10kV系统（市电⟷柴油发电机组）PLC自动切换装置（ATCS），能够在任何情况下实现自动投切备用电源系统，保证负荷的不间断供电。ATCS装置和综合继电保护无关系，PLC的自动逻辑控制系统专门用于投切操作系统流程，完全脱离综合继电保护功能，有利于简化功能，且便于操作。

3. 主要设备供应商（见表12-1-2）

表12-1-2　主要设备供应商（一）

序号	主要设备名称	企业名称
1	10kV中压配电柜	ABB(中国)有限公司
2	0.4kV低压配电柜	西门子(中国)有限公司
3	UPS	维谛技术有限公司
4	柴油发电机组	卡特彼勒公司
5	10kV-ATCS系统	北京易艾斯德科技有限公司

4. 节能情况

（1）变配电所的位置选择

变压器设置在负荷中心。

（2）节能电动机选择

对大功率的水泵、电动机采用变频器，实现电动机的平稳起动。

（3）节能系统的选择

节能系统选择符合绿色环保要求的电气产品，实现“环保、节能”理念。全楼采用BAS，对所有机电设备进行监控，达到舒适、便捷的工作环境，达到节能和节省人力的目的。

（4）节能灯具和光源的选择

灯具和光源选用高效节能光源、高效灯具和低损耗镇流器等附件，并采用节能控制措施。光源显色指数 $Ra \geqslant 80$，色温应在2500~5000K之间。安全出口标志灯、疏散指示灯以及应急疏散灯采用LED灯。

（5）变电所监控系统的选择

设置变电所电力智能监控系统，实现对电力系统的全程监控及管理，便于后期运维的统一管理。

(6) 节能指标

中国建设银行北京生产基地项目部分季节采用自然冷却方式。经核算，IT设备全部投产运行后的年平均PUE，低于项目审批时政策限定值3.5%，符合国家相关政策要求。

5. 创新方式

中国建设银行北京生产基地项目合理采用新技术、新设备、新材料。变压器采用新型低损耗节能变压器，供电电缆采用环保型低烟无卤电线、电缆。电动机主回路采用组合式保护电器，体积小、可靠性高。从电源引入至末端设备，均采用在线管理模式，实现资源合理配置。

12.2 中国联通贵安云数据基地建设项目

1. 项目概况

中国联通贵安云数据基地建设项目位于贵州省贵安新区电子产业园内。本项目规划建设机房楼8栋、动力楼5栋、仓储机房2栋、运维楼2栋、变电站1栋、仓库1栋，总建筑面积19.65万m^2。项目建成后，其业务范围覆盖西南、辐射华南、服务全国。项目主要指标见表12-2-1。项目一期工程如图12-2-1所示。

表12-2-1 项目主要指标（二）

占地面积	18.33万m^2	总建筑面积	19.65万m^2
建筑高度	23.8m	主机房模块地板面积	4.5万m^2
机房建设等级	T3/A级	建安投资	达60亿元
设计时间	2014年	竣工时间	2015年
建设单位	中国联通集团云数据有限公司		
设计单位	北京电信规划设计院有限公司		
施工单位	中铁五局集团建筑工程有限责任公司		
获奖情况	获得2015年度中国数据中心优秀设计方案		

图 12-2-1　中国联通贵安云数据基地建设项目（一期）工程

2. 微模块机房方案

中国联通贵安云数据基地建设项目采用微模块方案建设。微模块集机架、空调、安防、消防、配线、配电等为一体。数据厂房是仓储式数据中心的代表作，新建数据厂房，内部为大空间，在大空间内可以根据需要分期、分批地灵活布置各种规格的微模块设备，以及配套的电源模块。

3. 主要设备供应商（见表 12-2-2）

表 12-2-2　主要设备供应商（二）

序号	主要设备名称	企业名称
1	微模块	华为技术有限公司
2	UPS	华为技术有限公司
3	配电柜	华为技术有限公司
4	变压器	中电电气集团有限公司
5	柴油发电机	合肥康尔信电力系统有限公司

4. 节能情况

1）选用低功耗损耗的节能型变压器（干式非晶合金铁心配电变压器），降低变压器的损耗。变压器设备安装在模块各层，深入负荷中心设置，降低线路电能损耗，运行经济。

2）选用高压柴油发电机组作为后备电源。与低压发电机组相比，由于电压等级提高，所需配电线路截面面积较低压发电机大大降低，有色金属用量较少，且降低线路电能损耗，运行经济。

3）采用就近无功补偿的方式，减少无功电流在电缆及变压器中的损耗，提高了变压器的利用率。后期工程考虑配置有源滤波器，治理谐波电流，减小线路和变压器的损耗。

4）优先选用IGBT整流型UPS主机。IGBT整流型UPS主机在40%负荷率下设备损耗一般小于7%，同时IGBT整流型UPS主机谐波电流一般小于5%，可以减小线路和变压器的损耗。

5）大功率的水泵、电动机均采用变频器，实现电动机的平稳起动，同时采用楼宇自控系统对水泵电动机进行精确控制，使其根据需求处于高效运行区间，有效降低电能消耗。

5. 创新方式

中国联通贵安云数据基地建议项目为仓储式数据中心+微模块建设模式。先期建设高大空间的数据厂房，数据厂房的建设周期短，结构简单，与IT机柜实现了解耦合。数据厂房建成后，可以根据业务需求，灵活地布置各种功耗值的微模块，布置电源模块，实现了IT机柜的快速部署。和传统机房楼技术方案相比，仓储式数据中心具有建设周期短、机房布置更灵活、节能性更好等优点，是数据中心发展的一个方向。

12.3 中航信嘉兴灾备中心项目

1. 项目概况

中航信嘉兴灾备中心项目位于浙江省嘉兴市南湖区嘉兴科技城。灾备中心除自用外，主要面向长三角地区乃至全中国提供信息安全服务，包括金融、医疗、物流、社保、政府等领域的信息备份外包服务，并可以衍生出相关的增值服务。项目主要指标见表12-3-1。项目室外和室内实景照片分别如图12-3-1、图12-3-2所示。

表 12-3-1　项目主要指标（三）

占地面积	22.2 万 m^2	总建筑面积	22.4 万 m^2
建筑高度	31m	主机房模块地板面积	2.1 万 m^2
机房建设等级	T3/A 级	建安投资	22.3 亿元
设计时间	2011 年	竣工时间	2015 年
建设单位	中航信华东置业有限公司		
设计单位	中国中元国际工程有限公司		
施工单位	中国建筑股份有限公司		
获奖情况	获得 2016 年度机械工业优秀工程设计二等奖，获得嘉兴市建筑行业协会 2016 年度南湖杯奖(优质工程)		

图 12-3-1　中航信嘉兴灾备中心室外实景照片

图 12-3-2　中航信嘉兴灾备中心室内实景照片

2. 主要设备供应商（见表 12-3-2）

表 12-3-2　主要设备供应商（三）

序号	主要设备名称	企业名称
1	20kV 中压配电柜	施耐德电气(中国)有限公司
2	0.4kV 低压配电柜	镇江默勒电气有限公司
3	UPS	维谛技术有限公司
4	柴油发电机组	上海恒锦动力科技有限公司

3. 节能情况

（1）变配电所的位置选择

变压器设置在负荷中心，合理选择变压器的容量，减少低压配电线路的长度，做到造价经济、降低能耗、电气系统合理。

（2）节能电动机选择

对大功率的水泵、电动机采用变频器，实现电动机的平稳起动。

（3）节能系统的选择

选择符合绿色环保要求的电气产品，实现“环保、节能”理念。全楼采用 BAS，对所有机电设备进行监控，达到舒适、便捷的工作环境，达到节能和节省人力的目的。因地制宜，冬季利用园区旁河水作为自然冷源，通过板式换热器空调间接供冷。空调系统融合冷冻机制冷、水蓄冷、河水自然冷却三种供冷模式，根据末端负荷需求，监测到的室外温度、河水温度转变，六种工况自动切换运行。

（4）节能灯具和光源的选择

选用 LED 光源，并采用节能控制措施。数据中心设智能照明控制系统，走道采用人体红外感应开关，机房模块内采用场景模式控制，所有智能照明控制系统均设时间控制。

（5）变电所监控系统的选择

设置变电所电力智能监控系统，实现对电力系统的全程监控及管理，便于后期运维的统一管理。

（6）节能指标

中航信嘉兴灾备中心项目采用部分季节自然冷却方式。经核算，IT设备全部投产运行后的年平均PUE符合国家相关政策要求。

4. 创新方式

1）针对数据机房的高耗能、不间断运行的特点，设计从建筑维护体系到各机电系统配置等全面体现节能环保理念。

2）数据中心使用离心式冷水机组作为冷源，采用了冬季河水自然冷却的技术措施。

3）设置雨水回收系统，存于室外储水池，经消毒处理后主要供绿化道路浇洒。

4）合理设置供配电系统减少供电损耗，采用完善的监控系统等措施，使得整个建筑处于高效、经济、节能、协调的运行状态，营造绿色节能的建筑。

5）设计采用数据机房分层设置的布局，形成了从机房到配套设施的整体模块化布局，可根据需要分期建设投入使用，增加了机房使用的灵活性，同时又可降低初次投资。

12.4 百度云计算（阳泉）中心

1. 项目概况

百度云计算（阳泉）中心是百度公司自建的第一个大型数据中心项目，位于山西省阳泉经济开发区东区。项目主要指标见表12-4-1。项目园区俯视图和机房实景图分别如图12-4-1和图12-4-2所示。

表12-4-1 项目主要指标（四）

占地面积	360亩(1亩≈666.67m^2)	总建筑面积	12万m^2
建筑高度	13.7m	主机房模块地板面积	1.4万m^2
机房建设等级	T3/A级	建安投资	一期48亿元
设计时间	2011年	竣工时间	2018年
建设单位	百度云计算技术(山西)有限公司		
设计单位	悉地(北京)国际建筑设计顾问有限公司、中国惠普有限公司		

（续）

施工单位	中国建筑股份有限公司
获奖情况	2015年，阳泉数据中心获国内首家运行和设计双5A认证、数据中心年度的能效奖和中国企业领导力奖；2016年获山西省五一劳动奖状；组合式空调机组（AHU）、整机柜、顶置对流空调系统（OCU）和市电+UPS/HVDC供电架构入选工信部的先进技术名录。风电、光伏和污水回用等绿色节能技术应用，获2017年国际"碳金奖-社会公民奖"的互联网企业。2017年，阳泉数据中心获中华总工会"全国五一劳动奖状"，成为目前国内数据中心唯一获得过此项大奖的数据中心

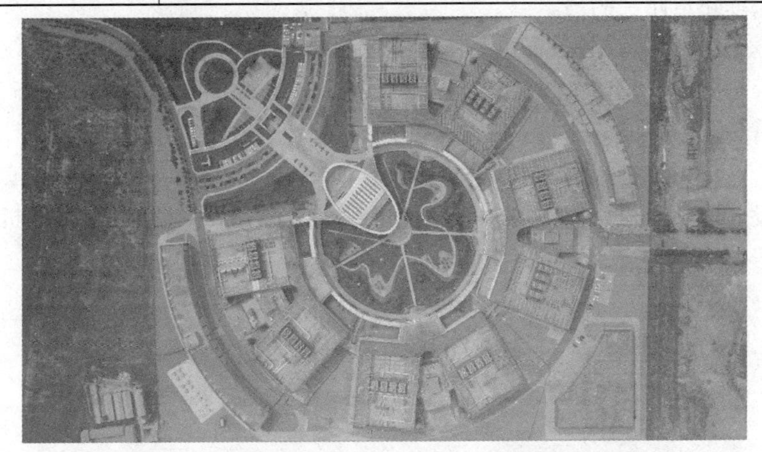

图 12-4-1　百度云计算（阳泉）中心园区俯视图

图 12-4-2　百度云计算（阳泉）中心机房实景图

2. 主要设备供应商（见表 12-4-2）

表 12-4-2 主要设备供应商（四）

序号	主要设备名称	企业名称
1	10kV 中压配电柜	施耐德电气华电开关(厦门)有限公司
2	变压器	海南金盘电气有限公司
3	0.4kV 低压配电柜	安徽鑫隆低压电器有限公司
4	UPS	施耐德(中国)有限公司
5	柴油发电机组	卡特彼勒公司
6	高压直流系统	维谛技术有限公司
7	动环系统	维谛技术有限公司
8	冷水自控系统	霍尼韦尔(天津)有限公司

3. 节能情况

(1) 节能指标和措施

1) 年均 PUE 低至 1.09。

2) 全年可利用免费冷却时间超过 96%。

3) 多种制冷末端，OCU 简化制冷路径。

4) 基于市电直供的多种电气架构，提高用电效率。

5) 大量部署整机柜和 AI 服务器。

6) 灵活应用风冷和液冷方案。

(2) 清洁能源

百度云计算（阳泉）中心使用的清洁能源占比从 2017 年的 16%（2600 万 kW · h 电），提高到 2018 年的 23%（5500 万 kW · h 电），全年减少碳排放约 2.6 万 t，相当于 142 万棵树一年的二氧化碳吸收量。

以上清洁能源主要来自光伏发电，光伏的优势之一是可分布式部署，包括其直流输出的特性。百度云计算（阳泉）中心 2015 年在 2 号模组楼顶安装了近 400 块光伏板，每块光伏板峰值（peak）输出功率为 250W，共约 100kW，直接进入数据中心电网，主要给动力系统使用。

4. 创新方式

百度“北极”整机柜采用分布式锂电池技术，用电效率高达99.5%，数据中心不需要配置UPS电池间，节省空间25%。

采用提升服务器进风温度等手段，最大限度利用自然冷源，全年可利用免费冷却的时间达到96%以上：约10%为预冷模式，即先经过板式换热器再用冷冻机进一步降低温度，所以完全不开冷冻机的时间约占86%。

通过创新技术简化制冷系统，百度云计算（阳泉）中心采用四种空调末端，其中机房空气处理器（CRAH）、AHU和OCU都通过金属盘管实现室内回风与冷冻水换热，效率不断提升。

12.5 中国建设银行武汉生产基地（灾备中心）

1. 项目概况

中国建设银行武汉生产基地（灾备中心）作为建行“十二五”规划中“两地三中心”布局的三中心之一，位于武汉市洪山区南湖北岸，属国家级重点项目。项目主要指标见表12-5-1，项目园区效果图和机房实景图分别如图12-5-1和图12-5-2所示。

表12-5-1 项目主要指标（五）

占地面积	193200m^2	总建筑面积	20.85万m^2
建筑高度	机房25.7m	主机房模块地板面积	2.6万m^2
机房建设等级	T3/A级	建安投资	27亿元
设计时间	2009年	竣工时间	2014年
建设单位	中国建设银行股份有限公司		
设计单位	中南建筑设计研究院、中国惠普有限公司		
施工单位	中国建筑股份有限公司		
获奖情况	2015年优秀金融数据中心奖		

图 12-5-1　中国建设银行武汉生产基地（灾备中心）园区效果图

图 12-5-2　中国建设银行武汉生产基地（灾备中心）机房实景图

2. 主要设备供应商（见表 12-5-2）

表 12-5-2　主要设备供应商（五）

序号	主要设备名称	企业名称
1	10kV 中压配电柜	ABB(中国)有限公司

（续）

序号	主要设备名称	企业名称
2	0.4kV 低压配电柜	ABB(中国)有限公司;镇江香江云动力科技有限公司;广州白云电气设备股份有限公司
3	UPS	维谛技术有限公司
4	柴油发电机组	卡特彼勒公司

3. 节能情况

通过采用自然冷却系统，降低数据中心基础设施能耗。通过设置板式换热器，在冬季及过渡季节利用冷却塔进行散热，当室外气温较低时，通过全部或部分自然冷却，可大大减少冷冻机的运行，从而有效降低系统能耗。

通过提高机房冷冻水供、回水温度，从而提高冷冻机的运行效率，同时可增加全年自然冷却时间。

通过适当增大冷冻水、冷却水的供、回水温差，以减少水泵运行能耗，从而实现能耗的降低。

冬季利用冷冻水为新风预热，在降低新风系统能耗的同时降低了空调系统的负荷。

为 IT 设备供电的 10kV 变压器及 UPS 设置在设备所在楼层，这种更接近负荷中心的设计，有利于减少系统损耗。

4. 创新方式

中国建设银行武汉生产基地设计建设时间相对较早，属于国内第一批采用水冷作为主要冷源的数据中心，采用自由冷却，提高供回水温度以提高冷冻机 COP。电气系统参照 T4 标准进行设计，达到了较高系统可用性和可维护性。

参考文献

[1] 中华人民共和国住房和城乡建设部. 数据中心设计规范：GB 50174—2017 [S]. 北京：中国计划出版社，2017.

[2] 国家标准化管理委员会. 电力变压器能效限定值及能效等级：GB 20052—2020 [S]. 北京：中国标准出版社，2020.

[3] 中华人民共和国工业和信息化部. 国家绿色数据中心先进适用技术产品目录：2020 [R]. 2020.

[4] 王海东，苗晓春. 数据中心 10kV 供电系统双电源切换逐级投切的应用研究 [J]. 电信工程技术与标准化，2019，32 (7)：12-14.

[5] 胡传振，陈凤，简灿色，等. 数据中心供配电设计要素与典型架构浅析 [J]. 电信快报，2018 (9)：33-38.

[6] 马长林，俞育维. 南方数据中心工程干式配电变压器选型研究 [C] //中国电力规划设计协会供用电设计分会. 供用电设计技术交流会论文集：2014 年. 北京：中国电力出版社，2015：53-55.

[7] 中国航空规划设计院总院有限公司. 工业与民用供配电设计手册 [M]. 4 版. 北京：中国电力出版社，2016.

[8] 中华人民共和国住房和城乡建设部. 数据中心工程设计与安装：18DX009 [S]. 北京：中国计划出版社，2018.

[9] 中华人民共和国住房和城乡建设部. 通信电源设备安装工程设计规范：GB 51194—2016 [S]. 北京：中国计划出版社，2017.

[10] 中华人民共和国住房和城乡建设部. 供配电系统设计规范：GB 50052—2009 [S]. 北京：中国计划出版社，2010.

[11] 中华人民共和国住房和城乡建设部. 民用建筑电气设计标准：GB 51348—2019 [S]. 北京：中国建筑工业出版社，2020.

[12] 上海市市场监督管理局. 数据中心节能设计规范：DB31/T 1242—2020 [S]. 北京：中国标准出版社，2020.

[13] 全国高压开关设备标准化技术委员会. 3.6~40.5kV 交流金属封闭开关设备和控制设备：GB/T 3906—2020 [S]. 北京：中国标准出版社，2020.

[14] 全国变压器标准化技术委员会. 电力变压器　第 1 部分：总则：GB 1094.1—2013 [S]. 北京：中国标准出版社，2014.

[15] 陈众励，程大章，臧胜，等. 现代建筑电气工程师手册 [M]. 北京：中国电力出版社，2019.

[16] 中国工程建设标准化协会信息通信专业委员会数据中心工作组. 数据中心供配电系统技术白皮书 [R]. 2011.

[17] 中国电子节能技术协会. 数据中心基础设施智能运维通则：T/DZJN 24—2020 [S]. 2020.
[18] 陈锡良，马强. 数据中心电源切换系统应用方案探讨 [J]. 建筑电气，2019，38 (1)：23-28.
[19] 北京照明学会设计专业委员会. 照明设计手册 [M]. 3版. 北京：中国电力出版社，2016.
[20] 中华人民共和国住房和城乡建设部. 电力工程电缆设计标准：GB 50217—2018 [S]. 北京：中国计划出版社，2018.
[21] 钟景华，朱利伟，曹播，等. 新一代绿色数据中心的规划与设计 [M]. 北京：电子工业出版社，2010.
[22] 胡建军，郭利群. 数据中心设计与运维管理浅析 [J]. 建筑电气技术，2016，10 (6)：35-49.
[23] 中华人民共和国住房和城乡建设部. 数据中心基础设施运行维护标准：GB/T 51314—2018 [S]. 北京：中国计划出版社，2018.
[24] 金科，阮新波. 绿色数据中心供电系统 [M]. 北京：科学出版社，2014.
[25] 中华人民共和国住房和城乡建设部. 建筑物防雷设计规范：GB 50057—2010 [S]. 北京：中国计划出版社，2011.
[26] 中华人民共和国住房和城乡建设部. 建筑物电子信息系统防雷设计规范：GB 50343—2012 [S]. 北京：中国建筑工业出版社，2012.
[27] 全国避雷器标准化技术委员会. 低压电涌保护器（SPD）第12部分：低压配电系统的电涌保护器 选择和使用导则：GB/T 18802.12—2014 [S]. 北京：中国标准出版社，2015.
[28] 全国避雷器标准化技术委员. 低压电涌保护器（SPD）第11部分：低压电源系统的电涌保护器 性能要求和试验方法：GB/T 18802.11—2020 [S]. 北京：中国标准出版社，2020.
[29] 王厚余. 建筑物电气装置600问 [M]. 北京：中国电力出版社，2013.
[30] 中华人民共和国住房和城乡建设部. 《火灾自动报警系统设计规范》图示：14X505-1 [S]. 北京：中国计划出版社，2014.
[31] 中华人民共和国住房和城乡建设部. 火灾自动报警系统设计规范：GB 50116—2013 [S]. 北京：中国计划出版社，2014.
[32] 中华人民共和国住房和城乡建设部. 火灾自动报警系统施工及验收标准：GB 50166—2019 [S]. 北京：中国计划出版社，2019.
[33] 洪元颐，张文才，李道本，等. 中国电气工程大典 第14卷 建筑电气工程 [M]. 北京：中国电力出版社，2009.
[34] 中华人民共和国住房和城乡建设部. 数据中心综合监控系统工程技术标准：GB/T 51409—2020 [S]. 北京：中国计划出版社，2020.
[35] 中华人民共和国住房和城乡建设部. 智能建筑设计标准：GB 50314—2015 [S].

北京：中国计划出版社，2015.
[36] 中华人民共和国住房和城乡建设部. 安全防范工程技术标准 GB 50348—2018 [S]. 北京：中国计划出版社，2018.
[37] 邱冬莉，孙星，魏旗. 大型数据中心智能化系统设计探讨 [J]. 智能建筑，2020 (5)：22-26.
[38] 侯桂兵. 浅谈大型数据中心园区智能化设计 [J]. 中国房地产业，2019 (17)：100.
[39] 吕晓卓. 浅谈数据中心智能化系统设计 [J]. 通讯世界，2015 (6)：102-103.
[40] 姚小华. 数据中心的安全技术防范 [J]. 建筑工程技术与设计，2017 (11)：616-617.
[41] 张隽轩. 数据中心机房智能化系统工程的设计及应用分析 [J]. 大科技，2018 (25)：322.
[42] 宋金磊. 银行数据中心智能化安防系统设计与实现 [J]. 金融电子化，2019 (4)：61-62.
[43] 由一. 液冷服务器是降低 PUE 值的利器 [J]. UPS 应用，2017 (3)：1-6.
[44] 艾欣，韩晓男，孙英云. 光伏发电并网及其相关技术发展现状与展望 [J]. 现代电力，2013，30 (1)：1-7.
[45] 戴永涌，杨树军. 基于资源调度的集群节能系统的设计与实现 [J]. 计算机工程与科学，2009，31 (S1)：176-178.
[46] 郝亚飞，祁含. “网络虚拟化”技术在互联网数据中心的应用方案 [J]. 中国新技术新产品，2012 (21)：37-38.
[47] 中国信息通信研究院，开放数据中心委员会. 数据中心白皮书 [R]. 2018.
[48] 陈宋宋，郭延凯，钟鸣. 移动式电力能效检测系统及方法 [C] //中国电机工程学会电力信息化专业委员会. 2013 电力行业信息化年会论文集. 北京：人民邮电出版社，2013.
[49] 吴晨雪，胡巧，赵苗，等. 磁光电混合存储技术研究综述 [J]. 激光与光电子学进展，2019，56 (7)：31-44.
[50] 中数智慧信息技术研究院. 数据中心间接蒸发冷却技术白皮书 [R]. 2019.
[51] 周孝锋，于翔，李斌，等. 蒸发冷却式冷水机组能耗模型实验研究 [J]. 节能，2017，36 (1)：32-35.